助力乡村振兴
出版计划

【现代养殖业实用技术系列】

中华鳖
繁育与生态养殖技术

主　　编　蒋业林

副 主 编　毛栽华　徐笑娜　Krishna R.SALIN

编写人员　蒋业林　毛栽华　徐笑娜　Krishna R.SALIN

　　　　　宋光同　王　芬　陈　祝　王佳佳　周　翔

　　　　　徐　彬　李　智　左　琳　盛祝松

U0396131

时代出版传媒股份有限公司
安徽科学技术出版社

图书在版编目(CIP)数据

中华鳖繁育与生态养殖技术 / 蒋业林主编.--合肥：
安徽科学技术出版社,2022.12
助力乡村振兴出版计划.现代养殖业实用技术系列
ISBN 978-7-5337-8069-2

Ⅰ.①中… Ⅱ.①蒋… Ⅲ.①鳖-繁育②鳖-生态养
殖-淡水养殖 Ⅳ.①S966.5

中国版本图书馆 CIP 数据核字(2022)第 200036 号

中华鳖繁育与生态养殖技术　　　　　　　　　　　　主编　蒋业林

出 版 人：丁凌云　选题策划：丁凌云　蒋贤骏　陶善勇　责任编辑：李　春
责任校对：李　茜　责任印制：梁东兵　　　　　　　装帧设计：冯　劲
出版发行：安徽科学技术出版社　　　http://www.ahstp.net
　　　（合肥市政务文化新区翡翠路 1118 号出版传媒广场,邮编:230071）
　　　电话：(0551)63533330
印　　制：合肥华云印务有限责任公司　　电话:(0551)63418899
（如发现印装质量问题,影响阅读,请与印刷厂商联系调换）

开本：720×1010　1/16　　　印张：7.25　　　字数：96 千
版次：2022 年 12 月第 1 版　　2022 年 12 月第 1 次印刷

ISBN 978-7-5337-8069-2　　　　　　　　　　定价：35.00 元

"助力乡村振兴出版计划"编委会

出版说明

"助力乡村振兴出版计划"(以下简称"本计划")以习近平新时代中国特色社会主义思想为指导，是在全国脱贫攻坚目标任务完成并向全面推进乡村振兴转进的重要历史时刻，由中共安徽省委宣传部主持实施的一项重点出版项目。

本计划以服务乡村振兴事业为出版定位，围绕乡村产业振兴、人才振兴、文化振兴、生态振兴和组织振兴展开，由《现代种植业实用技术》《现代养殖业实用技术》《新型农民职业技能提升》《现代农业科技与管理》《现代乡村社会治理》五个子系列组成，主要内容涵盖特色养殖业和疾病防控技术、特色种植业及病虫害绿色防控技术、集体经济发展、休闲农业和乡村旅游融合发展、新型农业经营主体培育、农村环境生态化治理、农村基层党建等。选题组织力求满足乡村振兴实务需求，编写内容努力做到通俗易懂。

本计划的呈现形式是以图书为主的融媒体出版物。图书的主要读者对象是新型农民、县乡村基层干部、"三农"工作者。为扩大传播面、提高传播效率，与图书出版同步，配套制作了部分精品音视频，在每册图书封底放置二维码，供扫码使用，以适应广大农民朋友的移动阅读需求。

本计划的编写和出版，代表了当前农业科研成果转化和普及的新进展，凝聚了乡村社会治理研究者和实务者的集体智慧，在此谨向有关单位和个人致以衷心的感谢！

虽然我们始终秉持高水平策划、高质量编写的精品出版理念，但因水平所限仍会有诸多不足和错漏之处，敬请广大读者提出宝贵意见和建议，以便修订再版时改正。

本册编写说明

中华鳖,俗称甲鱼、团鱼、王八、水鱼等,肉食性爬行动物。中华鳖在我国分布广泛,主要生活在池塘、水库、江河、湖泊等水流平缓、鱼虾繁生的淡水水域。中华鳖是一种珍贵的、经济价值很高的水生动物,是我国传统的出口和内需食用珍品,也是食疗滋补佳品。中华鳖还是珍贵的药材,鳖甲、头、肉、血、胆等皆可入药。随着社会经济发展和膳食结构的改变,市场对中华鳖的需求量不断增加,中华鳖产业迅猛发展。

目前,我国中华鳖的产量居世界首位。随着中华鳖高密度、集约化养殖规模的扩大,也出现了一些问题,一是种苗质量的退化导致抗病能力下降;二是人工养殖设施不完善,水体环境污染,养殖中华鳖的病害种类增多,控制难度增加;三是绿色养殖模式少,高密度养殖滥用药品等,也导致中华鳖效益下降。因此,中华鳖养殖技术提升和创新十分重要。

本书侧重中华鳖生产实际,从中华鳖苗种繁育、成鳖健康生态养殖、疾病的防治等方面做以简要阐述,主要供中华鳖饲养户和水产技术工作者参考。

目　录

第一章　概述 ………………………………………………… 1

第一节　我国中华鳖养殖产业的现状 …………………… 1

第二节　我国中华鳖养殖中存在的主要问题 …………… 2

第二章　中华鳖生物学与种质资源特征 ………………… 5

第一节　分类与分布 ……………………………………… 5

第二节　形态特征与生态习性 …………………………… 5

第三节　种质资源特性 …………………………………… 13

第三章　中华鳖苗种繁育技术 …………………………… 21

第一节　亲本选择与培育 ………………………………… 21

第二节　鳖卵采集与孵化 ………………………………… 28

第三节　幼鳖培育 ………………………………………… 35

第四章　中华鳖成鳖健康生态养殖技术 ………………… 47

第一节　中华鳖的营养需求与饲料 ……………………… 47

第二节　中华鳖苗种选择与放养 ………………………… 57

第三节　中华鳖健康生态养殖管理 ……………………… 59

第四节　中华鳖五种综合种养模式 ……………………… 63

第五章　中华鳖疾病的防治技术 ······················· 84

第一节　鳖病的预防措施 ·························· 84

第二节　常见中华鳖疾病的防治 ··················· 88

第三节　常用鳖病防治药物 ······················· 106

第一章

概　述

　　中华鳖原产于中国,属爬行动物,广泛分布于池塘、水库、江河、湖泊等水流平缓、鱼虾繁生的淡水水域。中华鳖自古以来深受人们的喜爱,作为珍贵的药材,既有医用价值,又有较好的滋补营养价值,可作为一种特色美食。中华鳖的蛋白质含量很高,富含人体必需的氨基酸,肉质鲜美,其裙边更是脍炙人口的美味佳肴。其产品主要以鲜活体在国内水产市场销售,也外销到日本、韩国、泰国、新加坡等水产市场。(图 1-1)

图 1-1　中华鳖

▶ 第一节　我国中华鳖养殖产业的现状

　　我国是世界上最早重视龟鳖资源繁殖保护、人工养殖和利用的国家,我国的养殖模式逐步发展为控温高密度室内养殖结合池塘高密度养殖、

池塘鱼鳖混养、池塘鳖和其他水产养殖动物混养等仿生态养殖。20世纪90年代以来,中华鳖养殖业在我国得到了长足的发展,养殖技术在生产实践中逐渐提升,养殖规模和产量不断扩大。中华鳖养殖业对鳖苗的需求量与日俱增和鳖苗短缺严重制约着养鳖业的发展。因此,许多科学工作者就如何提高中华鳖的繁殖力,尤其是在提高孵化率方面做了许多研究。据不完全统计,我国每年商品中华鳖产量约35万吨,年产值在500亿~600亿元,再加上上下游产业链,年产值超千亿元,产业从业人员数百万人。产业化程度在各类名特水产养殖动物中处于前列,中华鳖规模化养殖发展很迅猛。

从全国来看,长江以南地区的中华鳖养殖占绝对优势,养殖规模较大,100万只以上规模的养殖场不在少数,10万只以上的养殖场更是非常普遍。在我国北方,家庭养鳖很常见,特点是规模小、数量多,很多只有一两万只,甚至还有两三千只规模的养殖户。不少养殖户仍采用常温粗放养殖模式,许多老养殖企业的温室结构、设施装配、水质的管理、饲料加工和投饵技术等仍比较落后,鳖病发生率高,养殖成本高,商品品质差,养殖技术水平很低,难以适应激烈的市场竞争。

▶ 第二节 我国中华鳖养殖中存在的主要问题

尽管我国已在中华鳖新品种选育、养殖模式、疾病防控、饲料研发等方面取得了一些创新成果,但科技总体投入不足,基础性研究、成果转化应用滞后,原始性创新成果和产业发展关键技术成果明显不足等问题依然存在。

一 品种选育方面的问题

种是产业的基础,种质不仅关系到中华鳖的生长速度和抗病能力,也影响中华鳖的品质和产品的市场销售价格。中华鳖在我国分布范围广，不同地理种群存在明显的种质差异，为中华鳖良种选育提供了丰富的材料。虽然我国已育成了2个中华鳖国家水产新品种，但目前养殖户大多进行自繁自养，种质混杂和退化现象明显，表现为生长变慢、病害增多，需要继续开展中华鳖新品种选育与保种研究。同时，中华鳖繁育的子代雌雄比例接近1:1，由于中华鳖雌雄生长速度差异显著，养殖户对雄性鳖苗需求量大，高雄比例育种技术是一个亟待突破的问题。

二　养殖模式方面的问题

中华鳖的养殖模式多样，有温室养殖、外塘生态养殖、两段法养殖、稻鳖共生、虾鳖混养等。其中，温室养殖是我国中华鳖主要养殖模式之一，据不完全统计，温室鳖产量约占安徽省中华鳖总产量的70%。在集约化高密度养殖生产条件下，养鳖废水中含有大量氮、磷及有机物，成为养殖区域重要的环境污染源。因此，如何削减和控制中华鳖养殖废水产生的环境污染，已成为从国家到地方都亟须解决的重大问题。此外，稻鳖共作、虾鳖混养等新型健康生态养殖模式研究起步较晚，在茬口衔接、养殖技术等方面的技术规范仍需进一步探究。

三　饲料研发方面的问题

中华鳖对饲料蛋白质和鱼粉的需求较大。受国际上鱼粉资源紧张的制约，传统的高鱼粉、高蛋白质、高成本的中华鳖饲料生产受到明显的冲击，而节能型膨化饲料应用研究刚刚起步，动物和植物蛋白质源替代鱼粉的开发利用技术研究还不够深入。中华鳖不同生长时期营养生理需求不同，根据其不同的营养生理需求，需要研发出高效环保的配合饲料，降低养殖成本，减少环境污染，提高养殖综合效益。

四 病害防控方面的问题

中华鳖养殖中常见的病害有腮腺炎、白底板病、软骨病等多种疾病，其危害较大，给养殖户造成很大的经济损失。不少中华鳖暴发性死亡的病因不明，缺乏有效的预防和治疗措施，部分病原菌由于耐药性增强了致病性，而且不同养殖场同一菌种的不同菌株存在明显的耐药性差异，标准的给药剂量无法发挥作用。病害增多又会导致用药不规范、不科学，给中华鳖产品质量安全埋下隐患。

第二章 中华鳖生物学与种质资源特征

第一节 分类与分布

中华鳖隶属于脊椎动物门、爬行纲、龟鳖目、鳖科，有7属24种，它们是小头鳖属、盘鳖属、圆鳖属、缘头鳖属、鼋属、中国古鳖属（纯化石种）和鳖属等。中国有3个属5个种，它们是鼋属、中国古鳖属和鳖属。中华鳖形似龟，体近圆形，比较扁薄，体暗绿色，无黑斑，无疣粒，腹部灰白，有的鳖呈黄色，颈部无赘疣。以长江水系、珠江水系的江河、湖泊、水库野生中华鳖亲本繁育的子代种质较好，生长快，疾病也较少，群体产量、经济效益也较高。

中华鳖分布广，除青海未见外，我国其他各省份都有分布。日本、朝鲜、缅甸、泰国等东南亚国家也有中华鳖的分布。我国大部分地区尤其是长江中下游及南方省份，每年3月到10月，温度较高，适合鳖的生长，鳖的生长期相对较长。

第二节 形态特征与生态习性

中华鳖的体色常见为灰褐色、灰黑色、墨绿色、黄绿色、茶褐色和橄榄

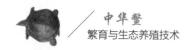
绿色。鳖的体色与其生活的环境相适应,是一种保护色。例如:在土塘养殖的中华鳖,其体色与塘土的颜色较为相近;在温室水泥池养殖的中华鳖,其体色与水泥池较为相近。鳖的腹面,有粉白色、黄白色、乳白色和灰白色,腹甲上均有淡淡的红斑。

二 身体结构

中华鳖呈椭圆形,体躯扁平,腹背均有甲,整个身体可分头、颈、躯干、四肢、尾5部分。

1.头

中华鳖的头部粗大,略呈三角形,形似蛇头。吻凸出,吻突长度略等于眼径,吻端有一对鼻孔位于最前端。鼻后有眼,眼小,位于头的背面,稍稍凸出,有眼睑及瞬膜,瞳孔圆形。鼓膜明显,位于眼后。口较大,位于头的腹面,口裂后延至眼后缘。上颌稍长于下颌,两颌均无牙齿,但颌的边缘有锐利的角质鞘,可以咬碎食物。口内有舌,但不能自由伸展,仅起帮助吞咽的作用,口裂呈“人”字形,在腹面。

2.颈

中华鳖的颈部粗长,颈基部无颗粒状疣,颈部肌肉发达,可以自由伸缩,也可以灵活转动,一旦受惊,头和颈均可全部缩进甲壳内。中华鳖生性凶猛,遇到敌害时,头和颈能突然伸长。人被咬时,应立即将其放回水中或堵塞其鼻孔,迫使其松口。

3.躯干

中华鳖的躯干背面近圆形或椭圆形,背面中央凸起,边缘凹入,背、腹甲的外层被覆柔软的革质皮肤。虽有骨板,却无缘板与甲板。肋骨凸出于肋板外侧。中华鳖的背甲骨板计25枚,其中:颈板1枚,位于前端,横大而宽阔;后接8枚长而略呈矩形的髓板,列在背甲中央;髓板两侧各有

8枚肋板。腹甲骨板9枚,其中:上腹骨板1对,左右分开,其下端与单枚的内腹骨板连接;中腹骨板与下腹骨板各1对,前后相连;剑腹骨板1对,位于下腹骨板的下端,彼此间靠胶膜连接。下、中、剑腹骨板左右对称排列,但左右之间留有空隙,彼此不相连接,背、腹甲之间由较厚的常称为"裙边"的部位相连。背、腹甲之间没有缘板连接,而是靠侧面的韧带组织相连。其背面通常呈橄榄绿色或黑棕色,上面有呈纵行排列的表皮形成的小疣;腹面黄白色,有淡绿色斑点。中华鳖背甲边缘的结缔组织柔软发达,称为鳖裙边,最为美味可口。(图2-1)

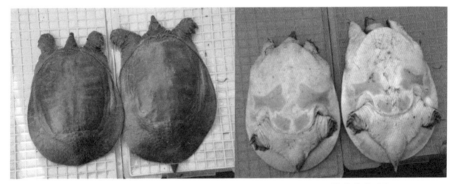

雌、雄中华鳖背部　　　　　　　　　　雌、雄中华鳖腹部

图2-1　雌、雄中华鳖背腹部

4.四肢

鳖四肢呈扁平状,表面被有鳞片。鳖四肢粗短有力,一般伸出体外,也可以缩入背、腹甲内。前肢5趾,各趾具爪;后肢5趾,趾间具蹼,除第五趾外,其余各趾均有爪。中华鳖四肢粗短扁平,后肢较前肢发达。由于中华鳖有粗壮的四肢和宽大的趾间蹼膜,所以既能在水中游泳,又能在陆地上爬行。

5.尾

尾表面被有鳞片,可缩入背、腹甲内。尾细长,圆锥形。通常雌性中华鳖的尾巴较雄性中华鳖的短,不露出裙边,雄性中华鳖尾巴稍长,尾末端

伸出裙边外缘,雌雄有异,可依此区别雌雄鳖。

三 生态习性

1.生活习性

中华鳖是以水栖为主的两栖爬行动物,主要生活于盐度不超过5%的淡水水域中,中华鳖对环境的适应能力很强,适于在水质良好且稳定、周围环境安静、光照充足、饵料丰富、水面通气性良好、较为隐蔽的环境中栖息。自然环境中,野生中华鳖喜欢栖息于水质清洁、底为泥质的江河、湖泊、水库、溪流、池塘等淡水水域中,亦喜潜伏在岸边树荫底下有泥沙的浅水地带。

鳖用肺呼吸,皮肤具有辅助呼吸作用。因此,中华鳖必须不时游到水面,将鼻孔伸出水面呼吸空气。中华鳖的上下颚两面具有群毛状小凸起的鳃状组织,在冬眠期间,鳃状组织起着相当大的呼吸作用。当中华鳖在水体里活动时,每隔3~5分钟需要将吻突伸出水面进行呼吸。鳖的呼吸频率随水温及体形大小不同而异,温度越高,体形越大,在水面进行呼吸的频率也就越高,反之则低。

中华鳖的生活习性有"三喜三怕"、好斗残杀、冬眠、晒背。

(1)喜静怕惊。中华鳖生性胆小,警惕性特强,感觉十分敏锐,稍有惊扰,如听到百米以外的走路声、水声,看到远处有人走动便迅速逃入水中或潜入水底的泥沙中躲藏起来。为了寻找和捕捉食物,同时确保自身的安全,在野外自然环境中生活的中华鳖,一般在夜间进行觅食和活动。在陆地上生活时,一旦遇到危险,便将头颈部和四肢缩入壳内,以御外敌。鳖对声音和移动的物体极为敏感,但是不怕光,遇光并不回避,可能与其喜阳性有关。因此,夜间可以用灯光照射捕捉。中华鳖相互之间咬斗非常凶狠,体弱的常被咬伤甚至咬死。中华鳖在受到其他动物侵害或在产卵时,也会主动攻击,因此捉中华鳖时人手常被咬住,并且"雷打不动",其实这只是中华鳖出于自卫本能地攻击,只要将手连同中华鳖立即放入水中,它便会松口逃遁。

(2)喜阳怕风。在风和日丽的晴天,在环境安静而无危险感觉时,中华鳖在一天内有 2~3 小时上岸进行日光浴,俗称晒背或晒盖,不然会生病或生理失常。鳖在晒背时,头颈部和四肢自然伸展,趴在安静的地面上,露出十分舒适的样子。即使是炎热的夏天,中华鳖也会爬到很高的岩石或树干上晒太阳,直至背甲及腹甲水分晒干为止。晒背是中华鳖的一种自我保护本能,为生理所需,通过晒背,有利于迅速提高体温,加速血液循环,促进新陈代谢,也可促进背甲皮质和裙边增厚,增强皮肤的抵抗力,灭菌除害,杀死和去除附着在体表的寄生虫、病原体及附生藻类等,促进体内维生素 D 的生成,这对于防治寄生虫病及其他疾病是极为重要的。(图 2-2)

图 2-2　中华鳖晒背

(3)喜洁怕脏。中华鳖要求水环境清洁。在自然界,中华鳖大多喜欢生活于水质清新、流动缓慢、水草较多的湖泊、水库、河流和池塘中。脏臭的死水极易引起中华鳖生病,导致中华鳖死亡。

(4)好斗残杀。中华鳖还生性好斗,贪食且残忍,同类之间因争夺食物、栖息场所而相互撕咬残杀的现象屡见不鲜。特别是在密度较大的水体中饲料缺乏和雄性争夺交配权时,互相撕咬,用嘴紧咬住对方不放,即使是孵化不久的稚鳖也不例外。在人工饲养时应引起注意,要尽量保持同池中华鳖的稳定性,注意规格和放养密度。

(5)冬眠。中华鳖属冷血变温动物,没有调节自身体温的能力,故其生活深受环境温度的影响,对外界温度的变化极为敏感。在自然状态下有一年一度的冬眠习性,适温为20~37℃,生长最快温度为30℃。它的生活规律和外界温度变化有着十分密切的关系。清明前后,当池水水温上升到15℃左右时,中华鳖从冬眠中渐渐苏醒,由潜伏的泥沙中爬出来活动,当水温达到20℃以上时,便开始摄食活动。炎夏季节,水温超过35℃时,中华鳖的活动会明显减弱,喜在树荫下或阴凉的水草丛中歇凉,出现"伏暑"现象。秋天当水温降到20℃以下时,中华鳖摄食减少,代谢强度降低,水温降到15℃以下时停止摄食活动。冬天在水温降到12℃时,中华鳖则潜伏于水深较深的泥沙中进行冬眠。冬眠期间,中华鳖不吃不动,潜伏于温暖潮湿的沙土中或水底,钻入泥土的厚度一般为10~20厘米,最深不超过30厘米,冬眠期5~6个月。中华鳖潜伏冬眠时,依靠鳃状组织维持微弱的呼吸,消耗体内贮存的营养物质,提供少量的能量需求。中华鳖冬眠期随地区而异,广东、海南等地每年约有4个月,湖南、湖北等地每年约有6个月,而在东北地区每年在6个月以上。越冬后,中华鳖的体重一般要减轻10%~15%,甚至20%,营养不良、体质差的中华鳖越冬期间或者刚苏醒后容易死亡。

鳖的冬眠习性是其对环境温度的一种自我保护机制,是为了更好地生存,不是其生长过程中必不可少的过程。故可通过人工建设温棚,调控中华鳖生活的环境温度使其不进行冬眠,保持一种自然生长的状态,这样可以延长鳖的年生长时间,缩短养鳖周期。

2.繁殖习性

中华鳖为雌雄异体,性成熟年龄一般为3~4龄。每年3月份,中华鳖的冬眠期基本结束,4—5月,当水温上升到20℃以上时,性成熟的中华鳖开始发情交配。安徽省一般在4—10月繁殖,产卵旺季为6—8月。中华鳖交配在水中进行,体内受精,体外孵化,营卵生生殖。交配前,雄中华鳖追逐雌中华鳖,最后骑在雌中华鳖背上,将其交配器插入雌中华鳖泄殖腔中行体内受精。交配一般在黎明前3点左右进行,交配时间约5分钟,有时也可长达15分钟。

交配后2周左右,雌中华鳖开始产卵。鳖的产卵一般在午夜至次日黎明比较安静的时间段进行。雌鳖选择沙质疏松、湿度适中的土壤,用后肢掘洞,将卵产入洞中。掘洞以后,雌鳖把尾部伸入洞内,然后身躯开始紧张而有节奏地紧缩,紧缩1次,产卵1次,一次产卵所需的时间为15分钟左右。产卵结束后,雌中华鳖将掘出的沙土填入洞内,并用腹部将洞口压平,最后才返回水中。一般雨后天晴或者久晴雨后产卵较多。若刮风下雨,阴雨绵绵,或气温骤变,久晴不雨,则产卵少或停止产卵。中华鳖卵的孵化是依靠阳光加热自然孵化的。孵化时间一般为40~70天。刚孵化出来的稚中华鳖对水非常敏感,经过1~3天脐带脱落后,自己从洞中爬出并进入水体中。

中华鳖属于多次产卵动物,一般每年产卵2~4次,多者可达6次。雌鳖每年可以多次交配多次产卵,也可以1次交配多次产卵。每次交配,精子在输卵管中存活的时间至少有5个月以上。产卵量与雌中华鳖的年龄和个体大小有很大关系。一般情况下,体重在0.5千克以下的雌中华鳖不仅产卵量少,而且卵的质量差;体重在1.5千克以上的雌中华鳖产卵量大,且卵的质量高,一般产卵量都有50~100个。总之,鳖的产卵次数、产卵量、

卵质量与自身状况和所处环境等因素密切相关。亲鳖年龄越大,身体健康,适应外界环境,生殖力就强;反之,生殖力就弱。(图2-3)

图 2-3　规模化孵化

3.食性及摄食方式

中华鳖为杂食性水生动物,尤其喜食动物性食物,如鱼、虾、螺、蚌、蚬、蚯蚓、蝇蛆、蚕蛹、鱼粉、各种动物内脏等,也非常爱吃臭鱼烂虾和屠宰场的下脚料。在动物性饲料缺乏时,也吃甜菜、包菜、南瓜,以及大麦、小麦、黄豆、玉米、高粱等植物性饲料。中华鳖摄食能力较强,饲料需要量比较大,各地可因地制宜采用各种不同的饲料,如城镇附近可利用屠宰场、肉类、鱼类加工厂的废物和下脚料,渔区可利用下等小杂鱼,水产加工厂的废弃物。江南一带可从湖泊、河流中捞取螺蛳、河蚌、蚬蛤等底栖动物,经加工压碎后作为中华鳖的饲料。有缫丝厂的地方可利用蚕蛹,这是一种高蛋白饲料,营养价值很高。另外,人工饲养蚯蚓,繁殖蝇蛆,也是解决中华鳖饲料的有效途径。除投喂动物性饲料外,还可投喂植物性饲料,如瓜果、菜叶等。

白天,鳖除晒背外,其他时间几乎在水中觅食,夜晚,鳖会爬上岸觅食。鳖的摄食方式为吞食,其利用锐利的四爪及伸缩自如、可转动的头颈来猎取食物,并将捕获的食物咬入口中,通过上下颌的角质喙压碎食物,再由下颌前缘与口角附近的唾腺分泌唾液使食物润滑,便于吞食。鳖在捕食过程中不主动追击猎物,只静候着食物来到身旁,或者潜伏在水底缓慢前行,当接近食物时,便快速伸出头颈部张嘴咬住食物。

中华鳖的摄食能力较强,既贪食,又有特别强的耐饥饿能力,在较长时间内不摄食也能存活,但是会停止生长,甚至体重减轻。人工养殖密度过大或饵料不足时,会造成同类之间相互咬斗,特别是大小规格不一的鳖养在一起,大鳖残食小鳖的情况相当严重。

4.生长特性

在自然条件下,稚鳖生长到 400 克需要 3~4 年的时间,鳖的生长适温为 20~37℃,最佳生长温度为 28~32℃。水温低于 15℃时,停止摄食和生长。在同样的温度条件下,当水体的各项水质指标达到养殖要求时,生长较快;反之,则生长停滞或受阻。

不同性别的中华鳖生长速度有显著差异,在体重 100~200 克时,雌性中华鳖比雄性中华鳖生长速度快;在体重 200~400 克时,雌性和雄性中华鳖的生长速度相近;但是当体重超过 400 克时,雄性中华鳖的生长速度要明显快于雌性中华鳖的生长速度。

▶ 第三节　种质资源特性

一　种质资源现状

对于养殖户来说,种质的好坏和苗种质量的优劣直接影响着养殖效益的高低和市场竞争力的大小。20 世纪 90 年代后期至今,为了促进中华

鳖的健康发展,开展了一系列中华鳖原种保护工作,如设立了一些国家级和省市级中华鳖良种场,进行了良种改良和复健的研究等。然而目前良种选育的程度与规模仍和中华鳖养殖发展的速度与规模不相适应。中华鳖种质资源仍存在严重问题,主要表现在以下几方面:

第一,过度捕捞,造成野生种群几近灭绝。起初,中华鳖养殖的苗种主要来自于野生捕捞,20世纪90年代,由于苗种价格飞涨,人们纷纷去野外捕捉中华鳖,致使中华鳖野生苗种几乎捕捞殆尽。

第二,优质中华鳖苗严重缺乏。迄今为止,国家、省市中华鳖原良种场不到百家,苗种数量不过四五千万只,按中华鳖年产量推算,鳖苗投放量在5亿只以上,境外走私和劣质种苗占很大比例。

第三,进口劣质鳖扰乱中华鳖市场,破坏中华鳖的声誉。20世纪90年代,为了缩小苗种缺口,从国外进口大量鳖苗,如越南鳖、泰国鳖和美国鳖等。中华鳖是世界上最优良的鳖类品种,具有裙边宽大肥厚、肉质细嫩、风味好、营养价值和药用价值高、抗病性强等特点,而各种进口鳖,其口感、风味、营养价值、药用价值等都无法与中华鳖相媲美。但由于进口鳖的价格比中华鳖低,且其外观与中华鳖比较相近,一些商家便用这些进口鳖来冒充中华鳖进行养殖、加工、销售,造成市场和物种的混乱,破坏了中华鳖在老百姓心中的良好声誉。另外,随着其他鳖种的引进,也带来一些传染性疾病,给中华鳖种质带来了较大的危害。

第四,各种鳖种相互杂交导致中华鳖种质退化。目前,同一养殖场可能存在多种鳖种,由于养殖过程中没做好隔离防护或者人为混养造成了不同种群的杂交。

第五,养殖过程中忽视优良品种的保护和选育,凡是能成活的个体全部养成,对种质资源的保护和改善反而有害。

第六,人工繁殖群体数量过小和近交严重,使某些基因丧失和遗传变异减少,导致物种退化。

第七,长期集约化、加温养殖也会导致某些抗逆因子的消失,通过加温短期培育亲鳖,提早产卵,利用光照效应延长鳖的生殖期和增加产卵量等措施,对种质也有很大的负面影响。

二 保护种质资源和提高苗种质量的措施

第一,制定中华鳖种质标准参数及检测技术。

第二,建立健全法规、加强动物检疫检验,控制境外鳖的进口,从而防止鳖种混杂,减少病原传入和对国内市场的冲击。

第三,加强鳖种苗生产体系、管理体系、质量监督体系及科研体系建设,制订原种生产操作规程和中华鳖原种标准。

第四,扩建良种场,加强良种选育。

第五,建立种质天然库或人工生态库。

第六,进行人工杂交,利用杂种优势进行良种选育。

三 中华鳖主要品系介绍

目前,我国本土较好的中华鳖地域品系有长江鳖、黄河鳖、淮河鳖、太湖鳖、湘鳖、沙鳖、台湾鳖和黄沙鳖等,从国外引进的品系有日本鳖、泰国鳖等。

1.长江鳖

长江鳖,形似龟,体近圆形,比较扁薄,体暗绿色,无黑斑,无疣粒,腹部灰白,有的鳖呈黄色,颈部无赘疣。以长江水系的江河、湖泊、水库野生中华鳖亲本繁育的子代种质较好,生长快,疾病也比较少,群体产量、经济效益也较高。(图2-4)

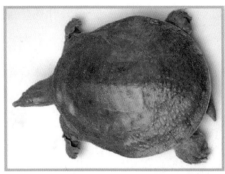

图 2-4　长江鳖背腹面外观图

2.黄河鳖

主要分布在黄河流域的河南、山东境内,其中以黄河口的鳖为最佳。由于特殊的环境和气候条件,使黄河鳖具有体大裙宽、体色微黄的特征,很受市场欢迎。(图 2-5)

图 2-5　黄河鳖背腹面外观图

3.淮河鳖

主要分布在淮河流域的安徽境内。外形扁平,呈卵圆形,体背较高,腹有骨质硬甲,鳖体周围有胶质裙边,背部黄褐色。以背甲最宽处为界,背甲后部宽度比前部窄。腹部灰白色或黄白色,腹甲中心及后约四分之一处可见淡绿色斑块。头呈尖三角形,口大,口裂向后伸达眼后缘,上下颌无齿,具锋利的角质鞘,眼小。四肢粗短扁平。尾呈锥形,成熟雄鳖尾部粗硬且较长,伸出裙边之外;成熟雌鳖尾部较松软且短,不露或微露出裙边。(图 2-6)

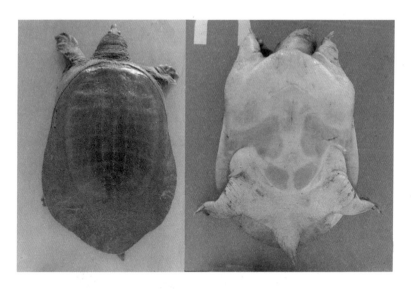

图 2-6 淮河鳖背腹面外观图

4.太湖鳖

主要分布在太湖流域的浙江、江苏、安徽、上海一带。除了具有中华鳖的基本特征外,主要是背上有 10 个以上的花点,腹部有块状花斑,形似戏曲脸谱。太湖鳖是一个有待选育的地域品系。它在江、浙、沪地区深受消费者喜爱,售价也比其他鳖高,特点是抗病力强、肉质鲜美。(图 2-7)

图 2-7 太湖鳖背面外观图

5.台湾鳖

中国台湾商人利用台湾鳖早熟的特点和成熟的技术，利用时间差进行大规模人工繁殖和高温催化，将大量的鳖苗输入大陆出售，其生长情况与泰国鳖相似。（图2-8）

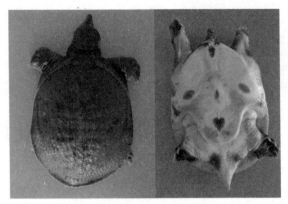

图2-8　台湾鳖背腹面外观图

6.黄沙鳖

黄沙鳖是我国广西的一个地方品系，体长圆、腹部无花斑、体色较黄，大的鳖体背可见背甲肋条。其食性杂、生长快，但因长大后体背可见背甲肋条，在有些地区会影响销售。在人工养殖的特定环境中，黄沙鳖生长生殖的营养需求全部来自人工饵料投喂，所以饲料营养是否全面和质量的好坏直接影响黄沙鳖的健康与否。（图2-9）

图2-9　黄沙鳖背面外观图

7.日本鳖

日本鳖主要分布在日本关东以南的佐贺、大分和福冈等地,有以下种质优势:一是生长快,在同等条件下养成阶段的生长比其他中华鳖快。但在250克以内时生长比泰国鳖要慢6%,在250~400克时与中华鳖其他品系基本持平,但到400克以上的养成阶段,要比其他中华鳖快20%以上,比泰国鳖快50%以上。二是抗病性强,除了对环境要求较严苛外,日本鳖在整个养殖过程中很少生病,特别是严重影响销售外观的腐皮病,这可能与其较厚的体表皮肤和相对温驯的特性有关。三是商品品质好,中华鳖的品质好坏,从外观形态比较主要是看中华鳖的裙边和肥满度,一般裙边宽厚坚挺,肥满度适中的为优品,而裙边薄窄绵软和过肥或过瘦背部露甲影的为较差,日本鳖商品品质一般都具优质的体征。从检测看,日本鳖的鲜味氨基酸比一般的中华鳖高10%以上。四是繁殖力强,成熟日本亲鳖最高年产卵68枚,受精率81%,孵化率92%。五是生命力强,耐存放运输,如我们用网袋包装,在气温温差4℃时运输50小时,在途中不采取任何措施的情况下同时运鳖苗(3~5克)、种鳖(350克)和后备亲鳖,成活率为100%。在室温20℃的贮存室用网袋包装放置60天无一死亡,在室温15℃放置90天也无一死亡。(图2-10)

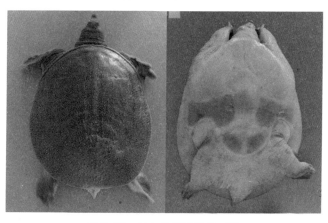

图2-10 日本鳖背腹面外观图

8.泰国鳖

泰国鳖苗进入我国较多,每年有 4 000 万~5 000 万只,其亲本情况不明,暂称泰国鳖。在生产中,有些泰国鳖是带病的,死亡率较高,尽管其价格较便宜,但在养殖中因发病死亡产生的负面作用是众所周知的,购苗者必须有清醒的认识。(图 2-11)

图 2-10　泰国鳖背面外观图

第三章 ▶ 中华鳖苗种繁育技术

▶ 第一节　亲本选择与培育

中华鳖人工繁殖技术已基本成熟，尤其是随着工厂化养鳖的快速发展，养殖产量大幅度提升。但中华鳖的品种退化现象比较普遍，性成熟个体小，怀卵量少，繁殖的苗种适应力下降。目前，野生中华鳖天然资源数量锐减，在野外池塘等自然条件下培育三年左右时间才能用于人工繁殖，且远不能满足人工繁殖的需要。因此，中华鳖亲本选择与培育对于中华鳖优质种质资源开发及品种优选，发展高效生态健康养鳖业具有重要意义。

一　亲本选择

中华鳖的亲本选择主要从年龄、体重、体质和品质等方面考虑。亲本可以是自己培养的成鳖，也可以是从市场上收购的无病、无伤、无残的野生成鳖，选择时，应注重亲本的质量。

1.年龄选择

亲鳖必须达到性成熟年龄才能进行繁殖。中华鳖的年龄可以通过其肩胛骨上出现的有规律的疏密相间的年轮来判定，每一年轮为一龄。但中华鳖的性成熟年龄随我国的地区和气候不同而异，我国南方热带、亚

热带地区,中华鳖年生长期长,性成熟早,如我国台湾、海南等地的中华鳖2~3年性腺发育成熟,广东、广西等华南地区,中华鳖性成熟年龄为3~4年;我国中部的温带地区,中华鳖年生长期较短,性成熟晚于南方地区,如华中、华东地区的中华鳖需4~5年性腺成熟;而我国北方的华北和东北地区,中华鳖年生长期更短,需5~6年甚至6年以上性腺才能成熟。因此,在不同地区选择中华鳖亲本时,要考虑中华鳖的性成熟年龄。在自然条件下生长的野生中华鳖,一般选择7~8龄的成鳖作为繁殖用的亲鳖。标准化温室饲养的中华鳖,可选择个体大、生长快的成鳖作为亲鳖,一般3龄即可。

2.体重选择

在自然条件下,体重达到0.5千克的中华鳖就可达到性成熟,但这种鳖刚达到性成熟年龄,虽然具有产卵繁殖能力,但其产卵量少,卵的大小不一致,受精率及孵化率低,孵出的稚鳖体质差,成活率低,不宜选作亲鳖。在生产实践中,一般选择野生鳖体重在1.0千克以上,温室鳖体重在1.5千克以上的成鳖作为亲本用于繁殖后代。这样的亲鳖体质好、生长快、产卵量大、受精率高,使用期长。

3.体质和品质要求

用于繁殖的亲本要求体质健壮,无病、无伤、无残;个体大,性腺饱满;行动敏捷,侧翻自如;品质良好,品种纯正。钓、叉、钩捕获的中华鳖不能作亲本,因为这种鳖具有内、外伤,成活率低。此外,在繁殖季节,个体较大、怀卵量较大的中华鳖,若在抓捕过程中摔打过,也不宜作亲本,因为这种鳖一般被摔打过,就会造成卵的破裂,养殖几天后就会死亡。从体色上看,品质良好的中华鳖背部黄绿色、腹面淡黄色;解剖后,体内脂肪呈金黄色。因此,在中华鳖亲本选择过程中,不仅要看年龄和体重标准,而且更要注重鳖的体质和品质。不仅要从外表上检查,了解抓捕方法,而且还要尽力避开在产卵季节收购成鳖。

二 雌雄鉴定

选购亲本时,必须准确识别鳖的雌雄。鳖的雌雄鉴别方法较简单,一是根据鳖尾部的特征来鉴别。雌、雄鳖最明显的区别在于它们的尾部不同,雄鳖尾部粗壮且长而尖,成熟的雄鳖尾部能自然伸出较长的一部分到裙边外,而雌鳖尾部短而钝,不能伸出裙边外或可以伸出很少一部分。二是仅靠尾部特征若还不能完全将雌、雄鳖区分开来,必须把鳖的尾部特征和鳖的背高结合起来分析:第一步,看尾部,尾短且裙边外看不见尾尖的,肯定是雌鳖;第二步,看背高,对于尾部都能伸出体外的,要看背高,同一大小的亲鳖,背部较高的是雌鳖,较平扁的是雄鳖。

达到性成熟的雌、雄鳖还具有以下特征:雄性的背甲比雌性的圆,雌性两后肢间的距离比雄性个体大。在繁殖期间,雌性泄殖孔红肿,而雄性泄殖孔无红肿现象,且泄殖腔内有锚状交配器,将其身体翻过来时,用镊子小心拨动就可以看见。主要鉴定依据详见表3-1。

表 3-1 中华鳖的雌雄鉴定依据

鉴定部位	雌鳖	雄鳖
尾部	较短,不能自然伸出裙边外或露出很少	较长,能自然伸出裙边外
体形	圆	稍长
体高	高	隆起而薄
背甲	前后基本一致的椭圆形	后部较前部宽的椭圆形
腹部中间的软甲	"十"字形	曲瓦形
后肢间距离	较宽	较窄
体重	同年小于雄性约20%	同年大于雌性约20%
泄殖孔	产卵期有红肿现象	产卵期无红肿现象

以上特征,以尾部的长短最为明显,是识别雌雄的主要标志。(图3-1)

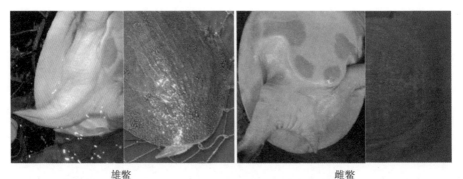

雄鳖　　　　　　　　　　　　　雌鳖

图 3-1　雌、雄鳖的外观区别

三　亲本培育

1.培育池

亲鳖培育池应在环境良好、安静无噪声、阳光充足、水源丰富、无污染、水质良好、水电及交通方便处建造。进排水设施完善,排灌方便。水源水质符合《无公害食品　淡水养殖用水水质标准》(NY5051—2001)。(图3-2)

亲鳖培育池可以是水泥池,也可选用土池。一般培育池为长方形,水泥池池壁用水泥砖砌,水泥粉面,池壁上端向内设置宽10~15厘米"T"形

图 3-2　亲鳖标准化培育池

防逃设施。池底以沙壤土为宜,淤泥厚度15~20厘米,池底平坦,池深1.2~2.5米,面积3~5亩,在水面上放养一定量的水浮莲。池上四周每隔4~5米设一个食台及晒背栖息台,可用木板或石棉瓦架设在水下10厘米处,坡度为30°~40°,大小可灵活掌握,一般宽1米,长1.5米。在亲鳖培育池坐北朝南岸上修建产卵场,长为埂长的2/3,宽2~3米,产卵场上堆30~35厘米厚的沙土。埂上建有孵化房,面积4~6平方米,并有控温设施,要严防蛇、鼠等进入。

2.亲鳖放养

放养亲鳖的雌雄比以(4~5):1为最佳,这主要由两方面原因决定的。一是亲鳖一次交配可以多次受精。精子能在雌鳖输卵管内存活半年以上并且保持正常的受精能力,所以雄鳖可适当少放,以增加雌鳖的放养量。二是雄鳖过多,容易引起争斗,不仅使鳖体受伤,且增加了饲料的消耗。

亲鳖放养前要进行消毒,一般用3%食盐水浸洗5~10分钟,或20克/立方米高锰酸钾溶液或30克/立方米聚维酮碘(1%有效碘)溶液浸泡5分钟,放养时应试水。每口亲鳖池应放养规格较为一致的亲本,避免因摄食不均造成营养不良。亲鳖的放养量以少为好,但放养密度过稀不仅造成水体的浪费,而且增加亲鳖池的面积,影响产量;放养密度过大,不仅发病率高,而且还影响产卵量。放养密度要根据亲鳖个体大小来计算,一般规格在1.5~2.0千克的亲本,放养密度在200~300只/亩,一亩池塘不要超过300只,总重量在200~300千克为宜。

3.饲养管理

(1)日常管理。亲鳖饲养管理好,不仅产卵量明显增大,而且孵出的幼苗规格大、体质优、成活率高。选用优质、全价亲鳖料,采用定时、定位、定质、定量的"四定"原则进行投喂。饵料投放在食台上,每天投喂量为鳖体重的5%~10%,一般以投喂2~3小时后吃完为宜。每天早晚各投喂一次,

即上午9时投喂,为全天投喂量的40%,下午5时左右投喂,占全天投喂量的60%。鳖吃剩的残料应抛弃,1~2天对饲料台消毒一次。要适当投喂动物性饲料和植物性饲料,投喂新鲜动植物性饲料如活螺蛳、肝脏类、冰鲜鱼、瓜及蔬菜等,应先清洗干净,消毒后再投喂。投喂前,先清洗食台,捞去吃剩的饲料,每隔几天,用200克/立方米生石灰对食台进行清洗消毒。

在日常管理中,一要坚持早、中、晚巡塘,做好疾病预防。随时掌握鳖吃食情况,调整投喂量,及时清除残余饲料。二要注意观察亲鳖的活动情况,如发现亲鳖活动异常或发病,要及时隔离治疗。三要查看水质和水色,一般水质清新、水色保持黄绿色或茶褐色、透明度在30厘米左右时,不需要换水,否则要及时换水。四要定期消毒与调节水质。池水每周用30%漂白粉消毒一次或用30克/立方米的生石灰化浆全池泼洒,两者交替使用,消毒池水和调节水质。此外,可采用100克/立方米的高锰酸钾溶液浸洗工具。

(2)饲养管理。4月份是亲鳖体质恢复期。亲鳖经过了6个月的冬眠期,能耗大,体质差,抗逆性弱,必须提供优越的生活环境和优质饲料,促使亲鳖尽快恢复体质。因此,首先,选择气温较高的晴天,降低水位,促使水温和底泥温度尽快回升。其次,适当添加一部分新鲜水,但水位要低于原来的水位,使池水保持清爽。再次,及时投喂全价饲料或营养丰富、易消化、新鲜的动物性饲料,如动物内脏、螺蛳及小鱼小虾等。

5月份是亲鳖性腺发育的关键期。当水温上升到22℃时,亲鳖活动频繁,性腺发育迅速并开始发情交配。要定期换水,保证池水的新鲜。除投喂充足的全价饲料外,还要投喂含蛋白质高、营养丰富的动物性饵料和适量的植物性饵料,以满足亲鳖对营养物质的需求,促进性发育成熟。

6—8月份是亲鳖产卵旺盛期。气温高,亲鳖进行多次产卵,除保障满足亲鳖营养外,特别要注意池塘水质管理。要及时清除亲鳖吃剩的残饵,每天观察水质的变化,经常换水,保持池水清新。

9月份是亲鳖冬眠前的培育期。亲鳖的产卵已基本结束。要重点抓好清塘与维修和亲鳖冬眠前的强化培育工作。

清塘与维修要依据亲鳖池实际情况而定。如遇池塘淤泥较多、围墙及进出水管损坏、池塘四周杂草丛生等情况时，需要及时进行清塘与维修。清塘的目的是杀死池塘中的野杂鱼、水生昆虫、病原菌、寄生虫等。清除池塘里过多的淤泥及周围的杂草，修补被损坏的防逃墙及进出水管。清点亲鳖数量及雌雄比例，了解亲鳖的生长、发育情况。亲鳖池在清塘之前，一定要把池水排干，把全部亲鳖移入暂养池中。清塘药物一般选用生石灰、漂白粉等。

亲鳖冬眠前需强化培育。9月份水温、气温仍然很高，亲鳖的摄食量为全年最大，要投喂营养丰富的饲料，以满足性腺的发育，投喂的饲料要求能量含量高。此后，鳖将逐渐进入冬眠期，冬眠期间的能量消耗主要依靠9月份的物质积累。因此，只有投喂含丰富能量的饲料，使鳖体内积累有大量的能量，才能保证亲鳖安全越冬。

10月下旬至翌年4月为鳖的冬眠期。在鳖进入冬眠之前，最好将池水更换一次，使池水保持干净清爽，当亲鳖进入冬眠状态后，适当提高池塘水位，使水深保持在1.3~1.5米，有助于亲鳖安全越冬。冬眠期间，亲鳖池尽量不换水，也不需要投饲。（图3-3）

人工制作中华鳖保健饲料　　　　　　　　　人工投喂饲料

图3-3　人工制作中华鳖保健饲料及投喂

第二节　鳖卵采集与孵化

一　鳖卵采集

1.交配产卵

当水温上升到 20 ℃以上时，亲鳖开始交配，水温 25~28 ℃的 4—6 月和秋季为交配盛期。发情交配在晴天的傍晚，持续 5~6 小时。雌、雄鳖交配后 15~20 天，水温 28~32 ℃时，雌鳖开始产卵。华东、华中地区，每年 5 月中旬开始产卵，一直持续到 8 月中旬，6—7 月为产卵盛期。

鳖产卵一般在夜间 10 时后至黎明前结束，尤其是雨后的夜晚，雌鳖爬到岸上寻找适宜的地点进行产卵。鳖对产卵位置有着天然的洞察能力，能预见当年的旱涝情况，选择最佳的地势。如果当年有洪水，鳖就选择地势高的地方产卵，以防洪水淹卵；如果当年天旱，鳖就选择地势低的地方产卵，以防卵受旱。

当雌鳖选好产卵场后，就用后肢在地上挖一个直径 5~8 厘米、深 10~15 厘米的洞穴，将卵产入洞中，然后用后肢将掘出的土扒回洞中，并用腹部压平洞口的沙面。鳖没有护卵和孵卵的习性，鳖卵依靠阳光加热，自然孵化。不同规格的亲鳖一年产卵次数及每次产卵的数量都不同，规格较大的亲鳖一年产卵次数较多，每次产卵量较大。如 5 龄的亲鳖，一年可产卵 4~5 次，每次产卵 30~40 枚。

2.产卵床设置

在亲鳖池向阳一边的池埂上，每 100 只雌鳖修建 1~2 平方米的产卵床，内铺沙 30 厘米厚，沙面与地面持平，并沿亲鳖池铺设一条 45°左右的斜坡至产卵床，便于雌鳖能顺利爬入产卵床产卵。（图 3-4）

图 3-4　亲鳖规模化产卵场

3.鳖卵采集

产卵季节,每天早晨太阳出来前到产卵场检查,此时鳖产卵后覆盖的沙比较潮湿,容易发现卵穴,及时做好标记。由于刚产出的卵动物极不明显,很难鉴别是否受精,并且胚胎还未完全固定,若振动过大,易引起胚胎死亡,因此最好在 8~30 小时后再采集,一般应采集隔天的卵。

采集鳖卵时,要认真细致,仔细观察沙面情况,当发现沙面有压平痕迹时,用竹片慢慢把沙土拨开,用手一个一个地把鳖卵取出,最好按卵原来的上下方位轻轻地把卵放入采卵器中。采卵时不仅要过数,而且还要检查卵是否受精,剔除未受精卵和破损卵。受精卵和未受精卵的主要区别是,受精卵的卵壳顶(动物极)有一白点,并且边缘清晰、卵粒圆滑;未受精卵的顶部没有白点。如果卵顶部白点不明显或边缘模糊,难以确定时,把这样的卵分开收集,48 小时后再检查。采集卵时应注明产卵时间,以便分批孵化。

二　鳖卵孵化

1.影响鳖卵孵化的主要生态因子

孵化是人工繁殖的关键。在自然条件下,鳖卵的发育时间为 50~70 天,

积温达到 36 000 ℃才能孵化出壳。但在自然环境中,鳖卵的孵化率很低,主要受温度、湿度及通气等环境生态因子影响,其次是蛇、鼠、蚁等的危害。

(1)温度。鳖卵孵化适温为 22~36 ℃,最适温度为 33~34 ℃。低于 22 ℃,胚胎停止发育;高于 36 ℃,胚胎死亡。温度是决定孵化时间的主要因素。在适温范围内,随着温度的升高,胚胎发育加快。在孵化期间,保持温度的稳定有利于胚胎的正常发育。另外,孵化时间越长,孵化率越低。因此,在人工孵化过程中,尽量维持较高的孵化温度。

(2)湿度。鳖卵孵化沙床含水量以 7%~8%为宜。含水量过大(25%以上),不仅影响沙床的透气能力,水直接浸泡鳖卵会导致死亡。含水量过低(5%以下),鳖卵易脱水而干死。

(3)通气。充足的氧气是鳖卵孵化的重要生态因子。孵化过程中的气体状况,主要取决于沙床的含水量及沙子的粒径大小。含水量过大,阻碍气体进入沙床中,导致鳖卵缺氧窒息;沙粒过小,沙床易板结,透水性能差,影响沙床的通气性能;沙粒过大,虽通气性能好,但保水性能差,沙床易干,也不利于鳖卵的孵化。一般选用粒径为 0.5~0.7 毫米的沙子作为鳖卵的孵化用沙。

2.鳖卵的人工孵化方法

为提高鳖卵的孵化率,缩短孵化时间,主要采用室外孵化槽孵化法、室内控温控湿孵化法、恒温恒湿箱孵化法、海绵介质孵化法等人工方法进行孵化。本书仅介绍室内控温控湿孵化法和室外孵化槽孵化法。

(1)室内控温控湿孵化法。

受精卵识别:受精卵有动物极和植物极,卵质集中的一极为动物极,发育成胚胎,经过孵化而成稚鳖;卵黄集中的一极为植物极,为稚鳖提供营养。刚产出的受精卵为白色或粉红色,3~5 天后动物极和植物极分界明显。

如果卵的动物极一端小白点明显,边缘规则,则为完全受精卵;如果动物极一端虽有小白点,但边缘不规则,呈云块状,为弱受精卵;如没有白点或白点不明显,则为未受精卵。用于孵化的鳖卵需为完全受精卵,对于弱受精卵,可单独放置 48 小时,再观察,少部分卵会出现白点,可用于孵化。经验表明,表面光滑不沾沙子的卵为受精卵,表面沾沙的卵为未受精卵。(图 3-5)

图 3-5　挑选鳖卵

孵化设备:修建专用的孵化房进行孵化。孵化房的大小根据生产规模来确定。一般较大的养鳖场,只要修建一个 20 平方米左右的孵化房,就能完全满足需要。孵化房的四周墙壁及房顶等需加隔热材料;门、窗采用双层,活动部位加密封圈。加热系统采用电炉或红外线加热器等。孵化房内设置几排架子,孵化器就安置在架子上。(图 3-6)

图 3-6　室内规模化控温孵化

孵化器：摆放鳖卵。用白铁皮或木板制作孵化器，如选用木板材料，需使用在高温、潮湿环境下不易腐烂发霉的木料。孵化器规格为 60 厘米×30 厘米×15 厘米的长方形松木盒，底部钻有 7~8 个小孔，便于及时排出盘内多余的水分。选用粒径为 0.5~0.7 毫米的河沙，过筛除去杂质，用沸水、漂白粉或其他消毒液消毒后，再用清水洗净后放在阳光下晒干备用。

鳖卵入床：鳖卵入床前，先在孵化器底部铺上 3 厘米厚的沙子，再将白点朝上的完全受精卵一个个地排放在沙面上，然后在鳖卵上覆盖 3~4 厘米厚的沙子。放置时，卵与盘壁之间留有 2 厘米的空隙，卵与卵之间也要有一定的间隙，并用沙子填充其间。最后贴上标签送入孵化房。

孵化管理：鳖卵在孵化期间，需专人管理，随时检查孵化床的温度和湿度，使气温保持在 33~35 ℃，相对湿度保持在 80%~85%，细沙含水量保持在 7%~8%。若发现孵化房内气温偏高，应及时洒水降温，或采取其他降温措施，使孵化房内室温维持在 36 ℃以下。

稚鳖收集：鳖卵在孵化器中经 45~50 天的孵化便陆续破壳而出。刚孵化出壳的稚鳖对水有着特殊的敏感性，可在孵化器的中央放一只盛水的碗、盆或其他容器，容器口要与孵化器中的沙面保持水平，孵化出壳的稚鳖从沙中爬出后，立即会感觉出水源的位置，于是本能地爬到放容器的地方并跌入水中。盛水的容器最好采用底部平坦并有很小坡度的瓷盆或其他器皿，容器中放有 1 厘米左右深的清水。每天早晨只需收集容器中的稚鳖，不需要有人守在孵化房中收集。稚鳖经 2~3 天暂养，用高锰酸钾溶液消毒后即可放入稚鳖池中喂养。

鳖卵在孵化过程中，除了注意温度、湿度的控制外，还应做好防振、防害、诱导出壳、稚鳖暂养等工作。

①防振。一般受精卵在 30 天内胚胎发育不稳定，对振动敏感。振动会影响胚胎正常发育或造成死亡，因此，在孵化期间尽量避免振动或翻动。

②防害。鳖卵孵化过程中,应防止蛇、鼠、蚁等各种敌害生物的侵害,要严密杜绝这些敌害生物进入孵化房内。

③诱导出壳。当同时孵化的一批卵大多或部分出壳后,剩下的未出壳的卵可采用人工诱导出壳,以达到稚鳖出壳相对集中整齐的目的。其方法是将未出壳的卵放入盆中,慢慢加入 27~30 ℃的清水至卵被完全浸没为止。在水的刺激下,经几分钟就会有大批的稚鳖出壳。若经 15 分钟浸泡还没出壳的卵,可放回沙床中继续孵化。

④稚鳖暂养。刚出壳的稚鳖比较娇嫩,一般为 4 克/只左右,还有豌豆粒大的卵黄囊尚未吸收,有的还附有脐带,不要马上搬动,更不能放入稚鳖饲养池中,否则易造成稚鳖的死亡。稚鳖经 0.5%~1%食盐水浸泡或0.1%的高锰酸钾溶液浸洗 15 分钟后,放入水深 5 厘米左右的暂养盆中暂养 3~5 天,第一天不喂食,第二天开始投喂红虫、蚯蚓、粉碎的小鱼、青菜叶、熟蛋黄等饵料,也可投喂稚鳖的配合饲料,进行强化培育,密度60~100只/平方米。再转入稚鳖池,经过一个月的驯食,当体重增至 10~15克/只时,可转入幼鳖池饲养。

⑤日期和批次。鳖卵的孵化是分期分批进行的,每一批鳖卵入床后,都必须注明日期和批次、孵化器号码、每盘放置的鳖卵数量。为了方便管理,同期采集的鳖卵应放在一起孵化。

(2)室外孵化槽孵化法。室外孵化槽孵化法的孵化原理、孵化过程等基本等同于室内控温控湿孵化法,不同的是,室外孵化槽孵化法不需要孵化房、孵化器、加热设备等,只要在室外修建一排能阻挡风雨并能很好采光的孵化槽即可。

孵化槽设置:位置应选择地势高、背风向阳、排水条件好、便于管理的地方。孵化槽的面积根据孵化量而定。孵化槽的孵化密度一般为 5 000~6 000 只/平方米。为了采光的需要,孵化槽最好建成长方形,东西走向。为

了便于管理,孵化槽的宽度不要超过1米。孵化槽的四壁及底部为砖水泥构建。底部向一方倾斜,最低处留有出水口,槽底不能积水。孵化槽顶部加盖玻璃窗户,并向南呈37°角倾斜。窗户一端用铰链固定在墙顶上,能自由开启。

鳖卵入床:孵化时,先将槽底铺上2~3厘米的小卵石作为滤水层,卵石上铺3厘米厚的细沙。卵排放在细沙上。卵排放好后,卵上加盖4厘米厚的细沙即可。若需排放2层卵,可在第一层卵上盖上2厘米厚的细沙后再排放第二层卵,再盖上3厘米厚的细沙即可。

孵化管理:孵化槽内卵的孵化完全靠阳光加热,随时洒水保持沙床湿度在5%~12%,由专人管理,严防鼠、蚁、蛇的破坏。在孵化槽的四周挖一小水沟能有效地防止蚂蚁的危害。(图3-7)

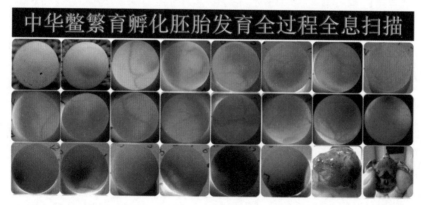

图3-7 稚鳖出壳

3.孵化注意事项

一是卵的排放密度不要太大,一般不要多层排放,否则会影响稚鳖成活率。二是孵化箱底部应留有滤水孔。三是细沙要清洗干净,选用粒径为0.5~0.7毫米、含水量为7%~8%的细沙。在实际生产中,用手紧握沙子,使之成团,松开手不散开,但轻轻一击就自然散开,为沙子含水量适宜。若沙子紧握后不能成团,为沙子含水量不足,可适量喷水,忌大水淋。若紧握沙子有水渗出,为沙子含水量过大,应立即检查孵化箱或孵化槽的渗漏

水系统是否被堵塞。四是温度控制在 33~35 ℃为最好,孵化积温大约为
36 000 ℃。五是孵化环境的相对湿度为 80%~85%,可通过喷水来控制。

▶ 第三节 幼鳖培育

中华鳖的生长发育经过稚鳖、幼鳖和成鳖三个阶段。刚孵化出壳的鳖
称为稚鳖,生产上将体重在 50 克以下的鳖统称为稚鳖。在自然条件下,稚
鳖饲养通常是指从当年 8—10 月稚鳖孵出,经过越冬期,到第二年 5—6 月
这一生长阶段。稚鳖经培育,体重在 50~250 克时称为幼鳖,为了和其他水
产苗种叫法一致,幼鳖也称作鳖种。幼鳖的生长是指从第二年 6—7 月到第
三年夏季这一生长阶段。在温室养殖条件下,稚幼鳖的饲养是从稚鳖孵
化出壳到第二年 5—6 月,生长时间缩短一半,之后就进入成鳖饲养阶段。

一 池塘培育

幼鳖培育是养鳖生产中十分重要的阶段,它是承接稚鳖培育和成鳖
养殖的重要环节,直接影响到成鳖的养殖成效。当稚鳖体重增至 10~15
克/只时,可转入幼鳖池饲养,进行幼鳖的池塘培育。(图 3-8)

图 3-8 幼鳖

1.池塘条件

（1）环境要求。池塘周边生态环境良好，安静，无噪声，周围无乔木林，光照充足，水通、电通、路通，交通便利。水源充足、无污染，水质良好，进排水设施完备，排灌方便。

（2）池塘要求。幼鳖的养殖介于稚鳖和成鳖之间，其对环境变化的适应能力逐步增强，因此幼鳖池的建造和使用有一定的灵活性。幼鳖池要求底部平坦，淤泥（沙子）厚度为 10~20 厘米，池塘坡比 3:1，平均水深 1.0~1.5 米，面积最好控制在 300~500 平方米，配备好占池塘总面积 1/10 的幼鳖休息台和饵料台。饵料台可设置为框架结构，用木板或石棉瓦架设在水下 10 厘米处，坡度为 25°，最好设置多个饵料台，以防幼鳖争食时争夺与撕咬。池塘四周应设置防逃墙，以防止幼鳖外逃。（图 3-9）

图 3-9　幼鳖池

2.放养前准备

幼鳖放养前，检查并修整好池塘进排水设施，对池塘进行彻底消毒，每亩用生石灰 120 千克化浆泼洒，待生石灰毒性消失后，方可入池。也可在池边栽种藤蔓类作物，并搭棚架，以利于夏季幼鳖遮阴。

3.稚鳖入池

将越冬后的稚鳖分级转入幼鳖池饲养。稚鳖入池前，用 20 克/立方米高锰酸钾溶液浸泡 20 分钟,试水后入池。要求体质健壮、无病无伤,同一池塘内放养的稚鳖需大小一致、规格整齐,以防大小混养引起相互残杀。放养密度要根据鳖的规格不同而异,若平均体重小,则放养密度大;若平均体重大,则可逐步降低养殖密度。具体放养密度还要结合放养时间、养殖设施条件和技术水平等实际生产因素来确定。放养规格小于 50 克/只的稚鳖,放养密度为 30~40 只/平方米;入池时要多点放在池边,让其自行爬到池内,不宜将稚鳖直接倒入池中,以防损伤鳖体。

4.投喂管理

由于鳖是以动物性饲料为主的杂食性动物,所以在鳖的整个饲养过程中,要以投喂蛋白质含量较高的新鲜动物性饵料如野杂鱼、螺蛳、虾及新鲜动物内脏等为主,辅助投喂新鲜南瓜、菜叶、水草等植物性饲料。刚开始摄食时,投喂以配合饲料为主、鲜活饵料为辅。

在池塘养殖条件下,幼鳖生长期较短,6—9 月水温较高,是其生长旺季,也是最适生长期,因此要投喂充足优质饵料,促进其健康生长。幼鳖投喂要按照"定点、定时、定质、定量"的原则进行科学投喂。①定点:即在幼鳖池内要多点搭设食台,将饲料投喂在食台上,既便于检查观察幼鳖的吃食情况,又可避免饵料散失浪费。食台同时可作为晒台,供幼鳖晒背。②定时:即每天按时投喂饵料。由于幼鳖养殖前期和后期水温较低,幼鳖摄食量少,此时投喂量应少。当水温在 18~20 ℃时,每 2 天投喂 1 次;当水温达到 20 ℃以上时,每天上午 10 时左右投喂 1 次;在养殖中期,由于气温较高,水温也较高,幼鳖摄食量大,因此,应增加投饵次数和投饵量,每天上下午各投喂一次,一般情况下在上午 8 时、下午 4 时进行投喂。③定质:即投喂的饲料要求优质新鲜、适口性好、蛋白质含量高、营养成分全。要以幼鳖的配合饲料为主,鲜活饵料为辅。对于新鲜动物性饲料,如小杂鱼、螺蚌肉及动物内脏等,需经过加热或采用 4%的食盐水消毒,再加入新鲜

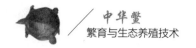
蔬菜搅碎后拌入饲料中进行投喂,还要适当添加3%~5%的植物油。④定量:当池塘水温高于18℃时,幼鳖开始摄食,此时可以投喂。要根据水温进行定量投饵,4—5月水温较低,日投饵量可按鳖体重的3%~5%估算;6—9月水温较高,幼鳖摄食量增加,日投饵量按体重的5%~10%估算;10月以后,随着气温不断下降,日投饵量应降至鳖体重的3%~5%。但在生产实际中,要根据饵料种类、幼鳖生长和吃食情况、天气及水质等及时调整投喂量,若晴天、水质好且在生长旺季,则可适当多投;若水温低、阴、雨、闷热天或水质恶化等时要少投或不投。通常投喂的饵料以在1.5小时内吃完为宜,确保幼鳖能够吃饱吃好。

5.水质调控

幼鳖对水温的变化十分敏感,其适宜生长温度为25~32℃。在适温条件下,幼鳖对饵料利用率高,生长速度快,因此在池塘养殖过程中,要随着季节、气温的变化及时调整幼鳖池的水位,尽量使水温保持或接近其最适生长温度。

幼鳖池塘的水质以茶褐色为宜,透明度保持在30厘米即可,池水始终保持肥、活、嫩、爽。稚鳖入池前要施足优质有机肥,使池水变成绿色,保持适量的浮游生物。要经常察看水色变化,水质过肥时,适当加换新水或施生石灰调节水质。幼鳖池水质要根据季节、水温及池水变动状况等多方面因素适时调控,在春、秋两季,池水深度保持在0.8~1.2米,随着水温升高和鳖的个体生长,应逐步提高水位。在6—9月的生长旺季,由于水温较高,投饵量较大,鳖摄食旺盛,残饵和排泄物增加,水质不稳定,因此池水深度保持在1.6米以上,确保水温相对稳定。为控制水质,要求每15天加注20厘米新水一次,每月换水一次,每次换去20%~30%的老水,换水时,不宜大排大灌,注意温差调控,以免引起幼鳖应激反应。

幼鳖池水质调控要注重生物生态调控方法。池内可设置生物浮床,浮床内种植水芹菜、水葫芦、水花生及浮萍等水生植物,要求生物浮床面积不超过幼鳖池总水面的1/4。生物浮床既能增加幼鳖池内水体的溶解氧,吸收水中氮、磷等营养盐,净化有毒有害物质,又能给幼鳖提供栖息、晒背和遮阴场所。同时,每隔15天每亩用生石灰10~15千克化浆全池泼洒,以调节水质。为降解幼鳖池水体中的有毒有害物质,可定期向池内泼洒光合细菌、硝化细菌或EM菌等微生物制剂和底质改良剂,改良池塘底质,维持良好的水体环境,促进稚鳖健康生长。保证池塘溶解氧达4毫克/升以上,氨氮不超过1.5毫克/升,pH在7.0~8.5,水体透明度保持在30厘米左右,基本达到无公害淡水养殖水质标准。

经过一段时间的饲养后,幼鳖个体大小参差不齐,要做好筛选分养,及时分池,降低密度,提高生长速度。

二 温室内控温培育

鳖是变温动物,其生长速度主要取决于营养和水温。日本和中国台湾的养殖场采用全年加温控温方法,14个月就可养成商品鳖规格,而室外常温条件下则需4~5年。据报道,稚鳖在室外常温下越冬成活率只有20%~30%,而温室里越冬成活率在70%~80%。在温室内越冬,水温控制在25~30℃,鳖不再冬眠,活动自如,摄食旺盛,经过5个多月的越冬期,越冬前平均只有5.5克的稚鳖可长到100~200克。

1.塑料棚温室

室内鳖池可采用土池或水泥池。保温塑料棚内培育池一般为土池,加温培育池则为水泥池。对于保温塑料棚,一般不加热,而是通过覆盖塑料薄膜,使棚内土池与外界空气隔绝,减少棚内热量散发和棚外冷空气的侵入,通过合理的采光克服低温影响,延长幼鳖的生长期,减轻幼鳖越冬期的冻害。一般情况下,塑料棚内水温比棚外水温高出5~8℃,棚内保温

池可延长幼鳖生长期 2 个月左右,成活率可提高到 50%以上。(图 3-10)

图 3-10　温室育苗

塑料棚保温池面积一般为 20~100 平方米,要求建在地势低的背风处,池深 1 米左右,水面低于地面,四周堤埂高出地面 15~25 厘米。上方用竹木或镀锌管、混凝土桩等材料为骨架搭建成"人"字形棚架,顶上覆盖塑料薄膜,薄膜与地面相连接的四周用泥土封密。或保温棚四周用土筑成高 0.5~1 米、宽 0.5~0.8 米的土墙,在墙上搭架,架上铺设塑料薄膜,这种保温棚保温效果更好,抗风力强。当气温下降到 5 ℃以下时,夜晚应在塑料薄膜上铺设一层厚草垫子,白天光照强度较好时,可揭开草垫子,增加棚内光照,提高棚内温度。保温棚以南北向为宜,采光均匀,受光照面积大。

加温塑料棚采用水泥池,由于是供热加温,培育池不宜太大,棚内可建多个小型水泥培育池进行加热,使池水温度保持在 25~30 ℃。但加温塑料棚必须采取隔热措施,通常是在棚的四周建一定厚度的隔热墙,铺设两层塑料薄膜,且两层薄膜之间有一定的空隙。

塑料保温棚须安装通风换气装置,越冬期间,若天气晴好,打开通风换气装置,增加棚内氧气,排出棚中污浊空气。(图 3-11)

图 3-11　现代化环保温室育苗

2.玻璃温室

玻璃温室墙采用砖砌水泥抹面,上面安装单倾屋顶,向南倾斜,有利于采光和防风。屋顶安装单层或双层玻璃。温室一侧开一小门,另一侧设通风窗一个。冬天低温时,在玻璃上面加盖一层草帘,天气晴暖时,打开草帘透光,提高棚内温度。玻璃温室培育池面积一般较小,为 20~80 平方米,采用砖砌水泥抹面池,这种造价较高,目前使用较少。

3.日常管理

日常管理主要做好"水温气温控制、投喂管理、水质调控和病害预防"四个方面的工作。

(1)水温气温控制。要做好加温与保温工作,使水温气温保持在最佳范围内,以减少鳖的应激反应。温室内水温控制在 30~32 ℃,气温控制在 33~35 ℃。

(2)投喂管理。稚鳖放养后要立即开食。用鲜活饵料,如红虫、蚯蚓、黄粉虫等。鲜活饵料的投喂量为稚鳖体重的 10%~20%,每天 2 次,上午 7 时,下午 5~6 时,经过一段时间培育后逐渐改为稚鳖专用配合饲料,以蛋白质含量在 50%以上的配合饲料为主、鲜活饵料为辅。要按"四定"原则进行

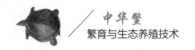
投喂,饲料质量应符合 NY5072 质量标准规定。

（3）水质调控。稚鳖前期,水深控制在 20~30 厘米,后期为 30~50 厘米,到幼鳖阶段可加深到 50~60 厘米。每隔 15 天,全池泼洒 20~30 克/立方米水体的生石灰调节水体的 pH,pH 控制在 7.2~8.5。也可用芽孢杆菌、EM 菌等生物制剂分解有机质、降低水体的氨氮水平,调节酸碱度。每天或每隔几天进行排污与换水,主要根据水质状况来决定间隔时间和换水量。

（4）病害预防。稚鳖入池前要做好消毒工作,避免机械性损伤。预防时可外用消毒剂,如 0.2~0.5 毫克/升溴氯海因或 0.5~1.0 毫克/升聚维酮碘。内服一些微生物制剂、免疫多糖或中草药制剂,对症下药。

三 幼鳖的稻田培育

1.放养密度

选择大小一致、规格整齐的幼鳖放于同一稻田,放养密度为:个体规格 40~50 克,密度为 40~50 只/平方米;个体规格 70~80 克,密度为 30~40 只/平方米;个体规格 80~100 克,密度为 20~30 只/平方米。放养密度根据饵料及稻田具体情况而定,但放养密度随体重增大而减小。

2.饲料投喂

幼鳖投喂以幼鳖专用配合饲料为主,辅以鲜活饵料,如野杂鱼、螺、蚌等。将各种鲜活饵料搅成糜状,与配合饲料及 3%蔬菜叶用水（100 克干料加水 100 毫升）搅拌均匀,做成面团投喂到饲料台上近水处,供幼鳖摄食。投喂量以幼鳖在 2 小时内吃完的干、鲜饲料重量为准。

3.日常管理

(1)水稻管理。水稻的管理主要是水稻病虫害防治及田间水位的管理。根据水稻不同生长季节对水位的需求,适时调整控制好稻田水位。一般情况下,前期以浅水为主,稻田采用"干干湿湿"的方法控制水位。到9月中旬以后,要以深灌为主,因为此时是稻纵卷叶螟和褐稻虱高峰时期,病虫害对水稻危害最严重,稻田灌满水有利于鳖消灭虫害。后期要开挖排水沟,根据水稻收割时间及时烤田。此外,为做好病虫害的防治,在稻田中安装灭虫灯,用灯光诱灭害虫,一般情况下要求每天开灯10小时左右。到10月10日前后,需排水搁田,直至稻田搁硬为止。搁田时将鳖板反向放置于池边,以便于鳖从稻田逐步爬上鳖板而翻入鳖沟。

对于晚稻插种返青后,实行浅水灌溉,利用鳖昼夜不息的觅食活动来除草驱虫,对于残留的少量的杂草可以人工拔除。7月中下旬,稻苗封行后,可采取多次轻搁田,促进稻苗根系扎深。一般情况下,不使用化肥。若是新的稻田改造而成的田塘,在插播前施有机肥7 500千克/公顷。

(2)鳖的管理。鳖的管理主要包括巡塘、防逃、投饵消毒及水位和水质控制。每天要坚持早、中、晚三次巡塘,主要检查、观察幼鳖的活动、摄食及生长情况。根据鳖的摄食情况,适时调整投喂次数和投喂量。若有病死幼鳖,应及时捞取进行无害化处理。要经常检查防逃设施及进排水口情况,及时清理水体中的残饵和杂物。每天定时对饵料台消毒,每隔15天用漂白粉2~3克/立方米或生石灰20~30千克/亩交替对鳖沟进行水体消毒,以保持水位稳定和水质清新。要经常检查鳖沟和大田水位变化情况,尤其是夏天,由于气温高,水分蒸发快,因此要根据水位情况及时补充新水,但是在加注新水时,水体温差不能过大,一般要求不超过3 ℃,以免因温差过大对幼鳖产生伤害。在不影响水稻生长的情况下,要适当加深稻田水位,一般稻田水深应控制在15~20厘米。

此外,在进行鳖的管理时,必须做好健康养殖日志,详细记录天气、水温、水质、饵料、病死鳖、病害防治及捕捞销售等情况。同时,还要做到防浮头、防逃、防盗、防毒及防病害等"五防"工作。

4.病虫害防控

(1)防控原则。坚持"预防为主、防重于治、无病早防、有病早治"的病害防治方针,切实做到"四消",即池塘消毒、工具消毒、食场消毒、鳖体消毒。

(2)防控方法。在6—9月鳖的生长旺季,可使用EM菌调节、净化水质,使水体的透明度在25~35厘米,溶解氧在4毫克/升以上,氨氮不超过5毫克/升。每隔15天每亩使用生石灰20~30千克或1克/立方米漂白粉溶液交替对全池泼洒一次进行消毒,如雨水多,突变天气情况多,可适当增加消毒次数。在高温季节,可针对性地添加高效低毒的中草药,从而最大限度地减少鳖病的发生。

除水质调控外,还要保持所投喂的饵料新鲜,不投喂腐烂变质的饲料,每隔15天按每50千克饲料拌250克大蒜做成药饵进行投喂,注意要用搅拌机搅碎成"团块",投喂于食台上,以防肠炎病。每月用0.7克/立方米硫酸铜和硫酸亚铁合剂全池泼洒一次,以预防寄生虫病的发生。

采用稻鳖共生模式,晚稻一般不需要防治病虫害。在田间增设诱虫灯或害虫诱捕器,田边种植芝麻、向日葵、大豆等蜜源植物,改善天敌生存环境,可有效防治害虫。由于稻鳖共生模式的晚稻种植密度较稀,水稻纹枯病等病害发生较轻,一般不需要防治。(图3-12)

图3-12 稻鳖共生

四 幼鳖起捕

1.捕捞方法

幼鳖起捕的方法很多,主要有干池捕捞、网捕及笼捕等。幼鳖捕捉方法要依据需要量而定。若需要量小,可采用笼捕方法。若需要量大,可采用干池捕捞或网捕方法,或晚上用灯光在岸边照捕,一般可全部捕获,也可采用此法对亲鳖和成鳖进行转池捕捞。

干池捕捞即排干池水,将幼鳖全部捕起。起捕前一天停食,清除池内悬浮植物和幼鳖隐藏的场所,然后排干池水,让幼鳖钻入泥沙中,掀开泥沙捉鳖。少数钻入泥沙深处的鳖,可根据鳖的爪印和呼吸留下的孔眼,跟踪掘捉 2~3 次即可基本捕完。或等到夜间待鳖自动爬出泥沙后,再用手电筒照捕。网捕即在幼鳖池中放入泥沙之前,预先放入一张密网垫底,然后在网上铺一层厚 5 厘米左右的泥沙,再进水放养鳖。当鳖长成幼鳖规格后起捕。起捕时,多人同时提起密网的四角和中间网片,同时冲水,让泥沙漏掉,鳖全留在网内,然后迅速移入盛有 20 毫克/升的高锰酸钾水池内,连网一起消毒 15~20 分钟。捕捉时动作要迅速,收网要快,以防鳖钻泥。在鳖摄食生长旺季不宜采用网捕。因为网捕规模大,动作大,声势大,需要人手多,易使鳖受惊吓钻泥,不摄食而影响生长。笼捕主要是在鳖笼内放入动物内脏、蚯蚓等诱饵,当鳖嗅到诱饵散发出的香味时,自行爬入笼内而被人捕获。鳖笼子用竹篾编制,两端留口,以硬竹签在入口处倒插成倒须,使鳖只能进不能出。笼捕数量不多,但对鳖摄食生长惊扰小,适合少量捕捞,也可用网笼进行捕捞。

2.注意事项

(1)捕捞时,动作要轻快,不伤鳖皮。因为幼鳖的皮肤很嫩,所以起捕幼鳖的工具要光滑无毛刺,在掀起泥沙捉鳖、清水冲洗、药物消毒和放鳖

下池时,动作都要轻快。

（2）要大小分开。幼鳖起捕后,需大小分开装运、分开饲养,以免相互撕咬,造成鳖体伤残而感染疾病。

（3）消毒及时。起捕后准备运输或分池饲养的幼鳖,需立即使用高锰酸钾溶液进行鳖体消毒,然后将幼鳖放入盛有浮萍或水葫芦的水池中暂养,鳖很快钻进浮萍或水葫芦中,可避免发生相互撕咬。此外,分池饲养前,需将幼鳖再次消毒,然后过数入池。（图 3-13）

图 3-13　幼鳖暂养

第四章

中华鳖成鳖健康生态养殖技术

第一节 中华鳖的营养需求与饲料

中华鳖是一种名贵的以动物性饵料为主的水陆两栖杂食性动物。在天然水体中,稚鳖喜食水蚤、摇蚊幼虫及其他水、陆生的昆虫和鱼虾幼体等,幼鳖摄食蝌蚪、小虾、水蚯蚓等,成鳖摄食螺、蚬、蚌类、泥鳅、小杂鱼、蟹类及动物内脏等,也摄食水草等植物性饵料。当食物缺乏时,也会吃一些动物尸体,甚至同类相残。在人工养殖条件下,人工配合饲料和瓜果、蔬菜、粮食等均可投喂。鳖生性贪食,也能忍耐饥饿。到目前为止,我国鳖饲料的研制已经步入成熟阶段,并有鳖不同生长阶段的饲料配方。成品鳖饲料的剂型有配合粉料、配合硬颗粒饲料和配合膨化浮性饲料。

一 中华鳖的营养需求

在鳖的养殖过程中,饲料是重要的主导因素之一,是鳖维持生命和生长、繁殖的物质基础,是营养素的载体。鳖需要的营养素有蛋白质、脂肪、糖类、维生素和矿物质 5 类,其在鳖体内具有 3 种功能:供给能量、构成机体和调节生理机能。鳖从外界环境中摄取食物,经过消化吸收后,将食物中的一些物质转化成身体的一部分,这种生命现象叫作生长。在生长过程中,食物中的各种营养物质所起的作用是不一样的,其中,蛋白质、脂肪和糖类需要量大,是生长的主要物质基础;无机盐类和维生素是维

持各种生命过程正常进行的保证。（图4-1）

图4-1 中华鳖饲料

1.对蛋白质的需求

蛋白质是构成鳖体的主要组成成分,是影响鳖生长的主要因素。鳖对蛋白质的需要量比较高,占鳖体湿重的16%左右。鳖从食物中获得蛋白质,如果食物中蛋白质含量不足就会明显地抑制鳖的生长;但食物中蛋白质含量过高,不仅造成蛋白质的浪费,而且对鳖的生长有一定的副作用。

研究表明,饲料中蛋白质含量在44.14%以下时(表4-1),随着饲料中蛋白质含量的增加,鳖的生长增重率显著增大。而当饲料中的蛋白质含量超过44.14%时,随着饲料中蛋白质含量的增加,鳖的生长增重率呈下降趋势。一般认为,鳖用饲料蛋白质最适含量为:稚鳖50%,成鳖45%。

鳖对饲料中蛋白质的要求还表现在对饲料中蛋白质的利用能力上。试验证明,鳖利用动物性蛋白质的能力强,利用植物性蛋白质的能力弱。在粗蛋白含量相同的情况下,配合饲料中随着豆饼等植物性蛋白质比例的增加,鳖的增重倍数变低,特别是当饲料中豆饼等植物性蛋白质比例增加到30%时,鳖的生长明显变差。

表4-1　饲料蛋白质梯度试验

编号	蛋白质含量	放养时均重	起水时均重	增重	增重率	体蛋白增加量	投饵量	蛋白质效率
1	34.21	151.67	168.33	16.66	10.99	2.62	218.25	22.31
2	39.17	143.00	173.00	30.00	20.98	4.71	208.50	36.73
3	44.14	135.00	183.33	48.33	35.80	7.59	176.89	61.90
4	49.10	135.00	178.33	43.33	32.10	6.80	189.79	46.50
5	54.06	117.66	135.20	17.54	14.87	2.75	171.02	18.97

蛋白质是由氨基酸组成的。饲料蛋白质的氨基酸组成是影响蛋白质的利用率及鳖的生长速度的内在因素,鳖对蛋白质的需求实际上是对氨基酸的需求。目前,已经查明天然蛋白质中有23种氨基酸,其中精氨酸、组氨酸、异亮氨酸、亮氨酸、赖氨酸、蛋氨酸、苯丙氨酸、苏氨酸、色氨酸、缬氨酸10种氨基酸是很多生物的必需氨基酸。至于鳖的必需氨基酸种类和适宜比例,目前尚不清楚。但一般认为,按一般生物的10种必需氨基酸分析,配合饲料中含有的各种氨基酸及其比例接近于鳖体组成的配合饲料,养殖效果更好些。(表4-2)

表4-2　鳖肉中的氨基酸比例(%)

鳖	氨基酸										
	苏氨酸	缬氨酸	蛋氨酸	胱氨酸	异亮氨酸	亮氨酸	苯丙氨酸	色氨酸	赖氨酸	组氨酸	精氨酸
幼鳖	4.25	4.34	0.74	2.65	4.06	7.03	3.81	3.04	7.09	2.80	5.50
成鳖	2.58	2.71	微量	1.08	2.18	5.43	2.52	2.27	4.23	2.04	4.28

2.对脂肪的需求

中华鳖是水陆两栖动物,在陆上运动时比在水中运动耗能高,因此对能量需求比鱼类高。鳖的能量主要来源于脂肪和碳水化合物,而中华鳖对碳水化合物利用率较低,因此在鳖饲料中添加脂肪非常必要。脂肪主要为中华鳖提供能源和必需脂肪酸,在中华鳖人工配合饲料中添加适当脂肪可为鳖提供所需的脂肪酸,提高饲料的利用效率,促进鳖的生长。

在人工配合饲料中,使用的原料如鱼粉、饼粕类、小麦粉等,油脂含量较低。因此,在鳖用人工配合饲料中,适当添加一定量的油脂是必不可少的。实验证明,使用人工配合饲料饲养稚、幼鳖或成鳖,植物油最适添加量为 3%~5%。

油脂在空气中易被氧化而产生有毒物质,不仅抑制鳖的生长,而且会引起鳖病,导致鳖肉变味,失去食用价值。因此,在鳖的人工配合饲料中添加植物油时,应特别注意植物油必须放在阴凉处密封保存且贮存不能过久。饲料在贮存过程中,应适当加抗氧化剂,防止油脂被氧化。饲料中添加植物油时,应现用现加,加拌过植物油的饲料不宜贮存。在投喂饲料前,加入适量维生素 E,可防止氧化油脂对鳖体的危害。

3.对糖类的需求

糖类是有机体生命活动的直接能源,如果糖类不足,机体就会分解蛋白质、脂肪等以获得能量。食物中的糖类不仅为鳖提供能量,还可在肝脏和肌肉等处合成糖原,糖原能根据机体的需要进行分解,释放出能量,供鳖体使用。食物中的糖类被鳖消化吸收后,也可转化成鳖体细胞中的单糖、脑神经组织中的糖脂等。因此,鳖的人工配合饲料中,必须含有一定量的糖类。

鳖的人工配合饲料中,糖类化合物主要是淀粉和纤维素,淀粉不仅起黏合剂的作用,而且被分解成单糖,可被机体直接吸收利用;纤维素是不能被有机体消化吸收的糖类化合物,但纤维素能控制食物中的营养物质在机体内的消化吸收速度,影响饲料的物理性状。鳖用配合饲料中的糖类化合物需有适宜的含量,过低或过高都会降低饲料中的蛋白质利用效率。试验证明,鳖用配合饲料中,总糖最佳含量为 29%~30%,其中纤维素最佳含量为 20%左右,α-淀粉最佳含量为 10%左右。

4.对无机盐类的需求

无机盐类在鳖体中含量较少,但在鳖的各种生命活动中起着重要的作用,如调节机体的渗透压和酸碱度,促进生长并提高营养物质的利用率等。鳖体所需要的无机盐类种类很多,其中钙、磷、钾、钠、硫、氯、镁在鳖体中含量较大(主要元素),占无机盐类总量的60%~70%。钴、铬、铜、氟、铁、碘、锰、钼、镍、硒、硅、锡、钒、锌等属微量元素。鳖主要通过食物获取各种无机盐类,鳖对各种无机盐类的最佳含量暂未查清,但鳖的人工配合饲料如果采用以动物性饲料为主要原料,则各种无机盐类基本上能满足鳖的需求,无须另外添加。

5.对维生素的需求

维生素主要用于维护鳖的健康、促进生长发育和调节生理功能。鳖对维生素的需要量极少,但在鳖体内不可缺少。大多数维生素在鳖体内是不能合成的,也不能大量地长时间地贮存于鳖体的组织中,必须经常从食物中获得。鳖如果长期摄入维生素量不足或因某种原因不能满足生理需要,就会导致物质代谢障碍,影响正常的生理功能,严重时会出现维生素缺乏症。

根据维生素的溶解性,一般把维生素分成两大类:脂溶性维生素和水溶性维生素。脂溶性维生素包括维生素 A、维生素 D、维生素 E、维生素 K;水溶性维生素包括维生素 B_1、维生素 B_2、维生素 B_6、维生素 B_{12},以及维生素 C、维生素 H、烟酸、泛酸、叶酸等。

维生素 A 具有促进生长发育、维护骨骼健康及增强对疾病的抵抗力等功能。维生素 E 具有维持正常的生殖机能、促进机体代谢、维护肌肉健康和抗氧化作用。维生素 B_1 具有促进糖类氧化分解,维护神经、消化和循环系统正常功能,促进机体发育等作用。维生素 B_2 有利于蛋白质、脂肪和碳水化合物的代谢,促进生长,维护皮肤和黏膜的完整性。维生素 C 能提高机体对缺氧的适应能力,抵抗细菌和病毒感染,提高受精率和孵化率,促进生长,减少死亡。因此,配合饲料在投喂前适当添加一定量的复合维生素是必要的,一般添加量为 0.01%。

二 中华鳖饲料

中华鳖的常用饲料包括人工配合饲料、动物性饲料和植物性饲料三类。

1.人工配合饲料

鳖的人工配合饲料是根据鳖的不同生长发育阶段对营养的需求加工配制而成的。从鳖的营养需求和适口性考虑,鳖饲料的原料主要有鱼粉、淀粉、膨化大豆、啤酒酵母、饲料预混料、EM菌及牛肝粉等。人工配合饲料营养成分全面,能满足鳖在不同生长阶段发育的需要,减少饲料所引起的各种疾病,增强抗病能力,而且便于添加中草药防病治病,适应集约化养鳖的需求。

2.动物性饲料

动物性饲料种类很多,常见的有水蚤、摇蚊幼虫、蚯蚓、蝇蛆、黄粉虫、鱼虾、蚕蛹、螺、蚌、畜禽下脚料等,还有一些经加工的动物性饲料,如鱼粉、肉粉、骨粉、血粉及家禽羽毛粉等。只要投喂得当,动物性饲料也能满足鳖的营养需求。

水蚤俗称红虫,是鳖喜好的开口饵料,便于人工规模化培育。春夏季大量繁殖,秋季水温下降后数量很少,所以应在春夏季进行人工培养。蚯蚓的蛋白质含量较高,是鳖喜食的饵料,可作为驯化鳖摄食人工饲料的引诱物质。蚯蚓培育技术简单,可引进优良蚯蚓品种进行大量培育,温水烫死或鲜活投喂均可。昆虫含有丰富的有机物和无机物,体内的蛋白质含量也极高,夏秋季节可用黑光灯或电灯诱捕。在鳖池水面上20~50厘米处吊数盏黑光灯,每5米1盏,每夜每盏灯可诱虫1千克左右。螺类包括福寿螺和田螺,福寿螺肉味鲜美、蛋白质含量高、脂肪低,以水生植物为食,繁殖力强,既可在鳖池中混养,也可专池养殖。田螺对水体水质要求较高,产量少,可在夏秋季节捕取,是鳖喜食的天然饵料。

3.植物性饲料

植物性饲料分为粗饲料、青饲料、精饲料、块根块茎类饲料等。粗饲料主要包括干草类、秸秆类(如荚皮、藤、蔓、秸、秧)、树叶类(如枝叶)、糟渣类等,青饲料主要包括天然牧草、人工栽培牧草、叶菜类、根茎类、青绿枝叶、青割玉米、青割大豆等,块根块茎类饲料如胡萝卜、饲用甜菜等。鳖一般不直接摄食植物性饲料,在以动物性饲料为主的前提下,适量搭配植物性饲料,如豆饼、玉米粉、面粉、麦麸、米糠等,可降低饲料成本。

4.鳖用配合饲料添加剂

鳖用配合饲料添加剂的研究,目前已有较大进展,涉及的范围也非常广泛,不仅涉及配合饲料本身的防腐剂、黏合剂、抗氧化剂等,还涉及饲料的营养素,如必需氨基酸(如精氨酸、赖氨酸等)、无机盐类(如鳖用配合饲料使用的混合无机盐类)、维生素(如维生素 E、复合维生素等),另外,还有鲜活饲料方面(如酵母类、野杂鱼等)。据试验研究发现,无论是用鳖用配合饲料还是鳗鲡配合饲料养鳖,在投喂之前适当添加经过搅碎的新鲜的猪肝、蚯蚓或螺肉等,不仅对鳖有很好的引诱作用和促食作用,而且对降低饲料系数也有一定的作用。所以说,新鲜的猪肝、蚯蚓、螺肉等作为鳖用配合饲料的一种添加剂是颇有价值的。

三 中华鳖生物饵料的培养

鳖是一种杂食性偏动物性食性的动物,自然界的螺蛳、蚌类、蚬类、小鱼、小虾、蚯蚓、蝇蛆、蚕蛹等都是鳖喜食的天然饵料,屠宰场、禽畜加工厂的下脚料等也可作为鳖的食物。因此,鳖养殖场每天采集一些这样的鲜活饵料或废弃物作为鳖的搭配饲料是降低饲料成本、提高经济效益的有效途径。

常用的中华鳖生物饵料有水蚤(红虫)、螺类、蚯蚓、蝇蛆等。

1.水蚤

水蚤俗名红虫,是稚鳖天然优质开口饵料,营养丰富且全面。据测定,其干物质中蛋白质占60.4%、脂肪占21.8%、糖类占1.1%、灰分占16.7%,此外还含有大量的维生素A等。可用鳖场暂时不用的水深1.0~1.2米的池塘、小水泥池或小水沟等作培育池进行人工培育。先将池水排干并用生石灰进行清塘,经7~10天,药物毒性消失后,每立方米水体施放2~3千克经发酵腐熟后的家禽家畜粪便或人粪尿作基肥,再注入0.5~1.2米深的新水。在水温20~25℃时,3~4天即可繁殖出大量的幼蚤,7天后可以用生物网采集或直接将池水引入稚鳖池中,每隔1~2天捞取1次,每次捞20%~30%。若需连续采集,可根据池水的肥度和水蚤繁殖情况适当向池中加入肥料或新水,再培育1周左右,又可继续捞取。一般每立方米水体每天可产水蚤800克。

在培养过程中,如数量少,表明繁殖力低。引起繁殖力低的因素主要有食料不足、水温太高、水质变坏及衰老的个体太多等,可根据情况加以处理。如发现池类有丝状藻类,应设法清除或清池重新培养。作为接种用的种蚤需专池培养,以保证接种时有足够数量生长良好的健壮水蚤,使后代生长好、产量高。

2.福寿螺

福寿螺又称苹果螺,可食部分蛋白质含量达29.3%,含有丰富的胡萝卜素、维生素C和多种矿物质。福寿螺个体大、生长快、繁殖力强、产量高,一般亩产在1 500~2 000千克。福寿螺以食植物性青饲料为主,也食麦麸等精饲料,对养殖条件要求不高,水深1米以内的鱼池、沟渠、低洼地都可饲养。在人工养殖过程中要注意:①在养殖水域中要插些竹片、条棍等,高出水面30~50厘米,供其吸附、产卵繁殖;②在整个饲养阶段,特别是幼螺阶段,饲料不能间断,所投饲料要求新鲜不变质,以傍晚投饲为宜,每天投喂量约为螺体总量的10%;③饲养水域要求水质清新,每隔3~5天冲水1次,最好是微流水;④幼螺经2~3个月的饲养,能区别雌雄个体时,有条件的地方可将雌、雄螺分开饲养,以提高成螺产量;⑤当水温降到12℃左右时,开始越冬保种工作。越冬方法有干法越冬和湿法越冬两种。干法越冬:先将螺捞起用净水冲洗干净,放在室内晾干,3~5天后剔除破壳螺和死螺,然后装入纸箱中越冬。装箱时,为了给螺创造一个干燥环境和防止破壳,应放一层螺,垫一层纸屑或刨花,然后捆好,放在2~3℃的环境中,通风干燥即可,待来年水温升到15℃以上时,将螺放回水中,螺即伸出头足活动、觅食。湿法越冬:在室内空闲地方,设置水池,把螺放入水池中,保持水温在4℃以上可安全越冬。我国南方地区可在饲养池中越冬。

3.环棱螺

环棱螺栖息于河流、湖泊、沟渠或池塘内,水田内亦偶有发现。多栖息在水底腐殖质丰富、水深1米左右的浅水水域,生长适温为20~27℃。环棱螺繁殖力强,一个雌螺怀10余枚胚螺,仔螺发育成熟后,陆续从母体产出,即可在水中自由生活。环棱螺生长较快,虽然其养殖价值不如福寿螺等,但环棱螺对环境适应能力非常强,不需专池饲养,可作为鳖养殖场空闲水面的副产品。只要向水体中引入一定量的螺种,环棱螺就会自然地大量地繁殖起来。另外,养鳖池中引入足够量的螺种,也能形成一定量的种群,可作为鳖的天然饵料,而且对鳖一般不会产生任何副作用。

4.蚯蚓

蚯蚓富含蛋白质,且各种氨基酸含量全面。鲜蚯蚓中蛋白质占40%以上,干蚯蚓中蛋白质高达70%。人工养殖蚯蚓宜选用背阳阴湿且排水性能良好、土质松软的地方作为培育地,面积大小不限,可因地制宜。使用前,将地深翻20~30厘米,用发酵腐熟的青草、禽畜粪等按一层粪料、一层草

料堆制饲养床。草类腐烂后,每立方米放入个体大、环带明显的种蚯蚓 3~5 条,放种后日常保持 50%~60% 的湿度,温度在 25 ℃左右,经过十几天的培育就可以采集小蚯蚓。取时掀开一层层的腐殖质,蚯蚓聚集底层为多,取出部分蚯蚓后,补充部分腐熟的有机质,几天后又可继续采收。培养蚯蚓应当注意:①土要肥;②与蚯蚓直接接触的肥料,不能用易于发高热的肥料,以免温度高引起死亡;③土壤要保持一定的湿度,不可过于干燥;④挖掘蚯蚓时最好分层挖,将土壤与肥粪分开堆放,以便进行第二次培育。

5.蝇蛆

蝇蛆是苍蝇的幼虫,其干物质中蛋白质占 62%、脂肪占 13.4%、糖类占 15%、灰分占 6%。人工饲养蝇蛆先要养好种蝇。种蝇可用铁、木等作为框架装上密眼聚乙烯渔网布制成的蝇笼饲养,体积一般为 0.05 立方米。蝇笼正面要有一个操作孔,孔上装好布套,以防蝇外逃。每笼放蝇蛹 7 000~8 000 个,待蛹羽化 5% 左右开始投喂饲料和水。一般用打成糯糊状的动物内脏、蛆浆及奶粉加 5% 的红糖水调制后作饲料投喂,每天每只投饲 1 毫克,饲养 5~6 天后,种蝇开始产卵。取出卵置于蝇蛆培养盘中饲养蝇蛆。蝇蛆以发酵霉菌为食料,麦麸是较好的发酵霉菌培养材料,将其加水拌匀,使其湿度维持在 70%~80%,装入培养盘中,再将卵粒埋入培养基内,让其自行孵化。一般一只 70 厘米×40 厘米×10 厘米的培养盘可容纳麦麸 3.5 千克、蛆卵 2 万粒,培养 4~5 天即可收获。收获时用强光照射培养盘,迫使蝇蛆移到培养盘底,然后抹去培养基,即可取出蝇蛆。为了保持蝇蛆饲养的连续性,此时应择优留种,待其蛹化,饲养种蝇。

（四）鳖的饵料选择

1.鲜活饵料选择

如螺类、蚌类、虾类、冰鲜野杂鱼、动物内脏等都是物美价廉的鲜活饵料。由于鲜活饵料富含鳖所需的各种营养成分,且水分含量高,因此鲜活饵料与预混料或配合饲料搅拌后搭配投喂,使用效果更好。

2.黏合剂添加

羧钾基纤维素、面筋粉、藻胶、魔芋粉等,能增强饲料弹性和黏结性,遇水不易散开,能有效提高饵料利用率。另外,在饲料中加入少量的青菜汁、叶、芽对鳖的生长、发育作用明显。如南瓜叶能明显提高鳖的生长速度。

3.饲料大小选择

鳖摄食时首先咬住食物,然后再潜入水中吞咽。最好制成适合大小鳖的颗粒饲料进行投喂(表4-3),按不同规格投喂的适口饵料,饵料利用率在90%以上。

表4-3　鳖对饲料大小的选择

鳖体重(克)	<10	10~50	50~150	>150
鳖口裂(厘米)	0.5~1.1	0.7~1.4	0.8~2.0	>1.0
饲料直径(厘米)	<0.2	<0.7	<0.8	<1.0
饲料长度(厘米)	<0.8	<1.2	<1.4	<1.5

第二节　中华鳖苗种选择与放养

一　幼鳖选择

幼鳖选择非常重要,在购买幼鳖时,要求从国家级、省级或取得《水产苗种生产许可证》的专业中华鳖养殖场选择规格整齐、无畸形、无残缺、无病无伤、裙边宽厚、行动敏捷、体质健壮、体薄且体表光洁富有弹性的幼鳖。

二 幼鳖放养

1.转池前准备

首先,对池塘进行清池消毒,准备好转运工具,并事前清洗干净。其次,转池时要分工合作,密切配合,不能单纯追求转池速度。然后,需干池抓鳖,操作细致,手脚轻快。

2.转池

为提高温室幼鳖放养到外池后的适应能力及转池成活率,需要进行降温处理。降温前要强化培育 3~5 天,在饲料中添加维生素 C、非禁用抗菌药等。转池前 5~7 天,温室降温,头 1~2 天采用开门窗自然降温。后几天结合外塘水温,加注冷水降温,以每天下降 1~1.5 ℃为宜,使室内水温与外塘水温基本一致。

3.放养密度

一般放养 50 克以上的幼鳖,相同规格的幼鳖放入同一池中,密度要合理。若放养 50~100 克/只的幼鳖,放养密度为 10~15 只/平方米;若放养 100~200 克/只的幼鳖,则其放养密度可控制在 5~10 只/平方米,放养 200 克/只以上的幼鳖,放养密度控制在 5 只/平方米。为提高幼鳖成活率,放养前要先在池边用池水泼洒幼鳖体表,让幼鳖适应池塘环境,再用 4%的食盐水或 20 毫克/升的高锰酸钾溶液浸泡消毒 10~15 分钟。放养结束后,要及时全池消毒,严防受伤的幼鳖感染病菌。

三 养殖管理

稚鳖饲养到 9 月中旬,水温 25~26 ℃时,天气渐冷,水温下降,此时需盖棚加温,使水温逐渐上升到 30 ℃,使稚鳖在适宜恒温内生长,保持旺盛摄食状态,至翌年 5 月中下旬为止,饲养期为 7~8 个月。

幼鳖入池后,第 1 天开始投喂药饵,连喂 3 天,以后每 10~15 天投喂一次药饵。在养殖过程中,水质调节是关键,每隔15天用生石灰化浆泼洒,使水体中的生石灰浓度保持在20克/立方米,水色呈绿褐色,透明度在20~30厘米。由于幼鳖生长在密封温室内,必须早、中、晚限时开窗换气,在池中定时增氧,每次2小时,每天2~3次,确保池水中氧气在4毫克/升以上,使幼鳖在恒定水温、良好的空气和充足的溶氧等环境中健康生长。饲养期间,每天投喂两次,用粗蛋白为45%~48%的全价配合饲料投喂。幼鳖体重在50~100克时,投饲量为鳖体重的3%~4%;体重在100~200克时,投饲量为鳖体重的2%~3%。经过7~8个月的饲养,到翌年5月下旬出池,大部分规格在200~300克/只,生长快的可达到500克/只。要每天清除未吃完的食物,保持饵料台清洁卫生。

▶ 第三节　中华鳖健康生态养殖管理

成鳖养殖是生产的最后一环,成鳖产量和质量是检验全年生产、经济效益的重要指标,务必做好中华鳖健康生态养殖管理。

一 生态养殖池建造

生态养殖以土池为主。鳖具有喜阳、喜静、喜洁和怕风、怕惊、怕脏的特点,相互间好斗,胆小贪食,攀爬能力强,因此要选择环境安静、避风向阳、壤土最佳、池底平坦、水源充足且水质清新、无污染的地方建池,每个池塘需建有独立的进、排水系统,池与池之间不串水,进出水严格分开,在出水口要设置防逃设施。每个成鳖池面积在5 000~5 500平方米,平均水深1.5米,池底泥沙厚度15~20厘米。在池塘四周建高1米、宽10~15厘米的防逃墙,朝水的一面出檐15厘米,向池内墙面用水泥抹光,也可用水泥板或其他材料建防逃墙。

二 放养前准备

1.池塘清整

成鳖池在放养之前必须提前半个月进行清塘消毒。首先,排干池水,清除过多泥沙,保留 15~20 厘米。其次,检修防逃设施和进出水管,加固池埂,修补池壁,堵塞漏洞。然后,用石灰水或其他清塘药物进行清塘消毒。用于成鳖池清塘消毒的药物有很多,如漂白粉、巴豆、鱼藤酮、茶粕等,但以生石灰清塘效果最好,生石灰用量一般为 50~75 千克/亩。消毒应选择晴天中午,全池均匀泼洒,之后再加水 20~30 厘米,注意药渣要清理干净,以免伤鳖。(图 4-2)

图 4-2　清塘消毒

2.饲料台与晒背台

在池塘向阳侧离池边 1~1.5 米处每隔 4~5 米固定 1 个面积为 2 平方米的饲料台,其一侧以 25°~30°倾角固定在池中水面上,水面下部分为 30 厘米。为满足中华鳖晒背和休息,每口池塘四周及中央需设置晒背栖息台,面积以 5 平方米左右为宜,每口池塘的晒背台数量控制在 4 个,一般为圆弧形的浮式晒背台,使其 2/3 在水面上,饲料台和晒背台可用竹片或木板等材料制成。同时,每口池塘还需配备规格为 3 000 瓦的增氧机1台。

3.肥水

视水质情况,适当施发酵后的有机肥 50~100 千克/亩或生物肥水素,使鳖肥水下塘。

三 幼鳖投放

1.幼鳖质量

生态养殖的幼鳖最好以自繁自育为主,也可外购。无论是自繁自育还是外购苗种,都要求规格一致、活力强、个体健康、无损伤。

外购幼鳖最好使用池塘自然养殖的无病无伤幼鳖,避免引进温室养成的幼鳖。如果放养温室养成的幼鳖,必须注意购进时间,一般要求池塘水温稳定,水温不低于 25 ℃,生产上放养时间为 6 月中旬以后,否则入塘时间过早,易因环境差异大,诱发各种鳖病。

2.幼鳖消毒

幼鳖放养前要进行消毒,可使用 3%~5%食盐水浸泡 10~15 分钟后再下池,下池前先试水,也可用高锰酸钾、聚维酮碘等其他消毒剂消毒。放养幼鳖时,可直接放在池塘的岸边,使幼鳖自行爬入水中。

3.放养密度

幼鳖下塘前要进行规格和数量检查,不同规格和体质的幼鳖实行分类放养。规格 200~300 克/只的幼鳖,放养密度为 2~3 只/平方米;规格 300~500 克/只的幼鳖,放养密度为 1~2 只/平方米。如当年要养成商品鳖,放养规格最好为 250~350 克/只,放养密度为 1.5~2.0 只/平方米。(图 4-3)

图 4-3　幼鳖投放

四 生态养殖管理

1.水质管理

养鳖池是一个封闭的生态系统,每天都有大量的残饵和粪便进入,易败坏水质,需加强水质管理。水色呈黄绿色或茶褐色、透明度为25~30厘米的水质较好,具有一定的肥度。水位控制在1~1.5米,换水以添加水为主。池水要保持微碱性,pH为7.2~8.5。

水质调控除换水外,需每15~20天施1次生石灰,每亩用量20~30千克。每15天用1~2千克/亩复合芽孢杆菌或EM菌等有益微生物制剂调节水质和改良底质。鳖池中可种植水草,套养鲢、鳙等滤食性鱼类等调节水质,为鳖的生长创造良好的水质环境。

2.饲养管理

(1)水草种植。鳖池中种植水草可为鳖提供栖息场所、净化水质、增加溶氧、调节水温和清洁鳖体,同时为鳖提供天然饵料。池中水草种植覆盖率不超过池塘面积的50%,主要品种有苦草、伊乐藻、水葫芦及浮萍等。

(2)螺蛳投放。螺蛳可清除残饵、净化底质、改善水质,为鳖提供天然活性蛋白饵料。在8—9月的夏季,如发现池塘螺蛳数量较少,要适量补投。

(3)饲料投喂。根据生态养殖原则,投喂的天然动植物性饵料要以新鲜杂鱼、蚌肉等为主,少量搭配小麦、玉米等植物性饵料。坚持"四定"的投喂原则。

为了减少配合饲料的投喂量,降低饲料成本,应广开饲料源,每天派人外出采集鲜活饵料,如屠宰场的下脚料、螺、蚬、蚌、野杂鱼、蚕蛹、蝇蛆、麸皮、饼粕、瓜皮、菜叶等都可作为鳖的搭配饲料,做到以配合饲料为主、搭配饲料为辅。另外,还可在鳖池中放养一些软体动物,如环棱螺、蛤、福寿螺、田螺等,为鳖提供部分天然饵料。

3.日常管理

保持鳖池环境安静,减少对鳖摄食和晒背等活动的影响。及时清洗饵料台和晒背台,保持食台清洁,减少鳖的发病率。每天傍晚洗刷食台,并用5毫克/升的漂白粉溶液消毒。

及时清除水体中的蓝绿藻。夏季鳖池中易长蓝绿藻,水体呈富营养化,严重影响鳖的吃食和活动,因此要及时除灭。每天傍晚,用长柄捞网将池内的"藻皮"捞除。

坚持每日巡塘。主要检查鳖的生长、活动、摄食、健康等状况。定期监测水质、水温及水位等的变化。注意防逃,尤其是夏、秋季阴雨天,池内大多数鳖上岸顺着塘埂边爬行时,要加强巡塘。此外需做好养殖记录。

4.病害预防

鳖病防重于治。一般来说,鳖的抗病能力很强,在日常管理中,要认真做好预防工作,减少鳖病发生。一是做好幼鳖入池前的消毒工作,尽量避免机械性损伤。二是加强水体消毒,及时杀灭水体中的病原体。三是在鳖饲料中添加一些微生物制剂(如复合枯草芽孢杆菌、EM菌等)、免疫多糖或中草药制剂,抑制病原微生物在鳖体内繁殖,提高鳖的免疫力和抵抗力。四是发现鳖病,及时对症下药进行防治或隔离治疗,并对全池消毒,更换新水,以防疾病蔓延。五是在没有必要的情况下,尽量少在鳖池附近走动,干扰鳖的正常活动。

▶ 第四节 中华鳖五种综合种养模式

一 稻鳖综合种养模式

稻鳖综合种养是在我国传统稻田养鱼的基础上逐渐发展起来的一种

现代化农业产业新模式,即在同一块稻田上,利用稻田资源,将稻鳖有机结合,通过稻鳖互利共生、化害为利,提高稻鳖品质,培育稻田循环经济,达到稻鳖同步增产、持续增效的目的,实现"一水两用、一田多收、生态循环、高效节能"的农业可持续发展新模式。

1.稻田选择与改造

(1)稻田选择。鳖喜阳怕风、喜洁怕脏、喜静怕惊,要求稻田周边环境安静,噪声小或无;背风向阳、温暖、保水性能好;水源充足,排灌、交通运输及用电方便。

稻田选择主要考虑水源、土壤土质及交通运输条件等。水源要为无污染中性或微碱性水质,溶氧量在4毫克/升以上。水质良好、清新、无污染,符合渔业水质标准。稻田土质要肥沃,以壤土最好,黏土次之,沙土最劣,底质pH低于5或高于9.5的土壤不适宜进行稻鳖综合种养。同时要考虑交通运输便利,降低成本。

(2)稻田改造。一般情况下,稻田水位浅,夏季温度高,早、晚温差大,不利于鳖的正常生长,因此需对稻田进行改造。主要包括鳖沟鳖溜开挖、进排水系统设置、防逃设施、投饵台及产卵孵化台的建设等。

鳖沟鳖溜是鳖活动、避暑和觅食的主要场所,在保证水稻不减产的情况下,应尽可能地扩大鳖沟和鳖溜的面积,最大限度地满足鳖的生长需求。鳖沟鳖溜的大小要根据稻田面积开挖,以鳖沟鳖溜总面积占稻田总面积的10%~15%为宜。一般情况下,沿稻田田埂内侧四周开挖环形鳖沟,沟宽3~4米、深1.5~2.0米,在4个拐角处各挖1个长4~6米、宽3~5米、深1.2米的鳖溜。大的田块可在中间再开挖稍浅些的"十"字形、"田"字形、"口"字形或"井"字形鳖沟(图4-4a和图4-4b)。在稻田一角的环沟上修建宽5米的机耕通道,方便机器进出。挖沟的泥土用于田埂的加高、加宽、加固等,泥土要打紧夯实,以增强田埂的保水和防逃能力。为方便运

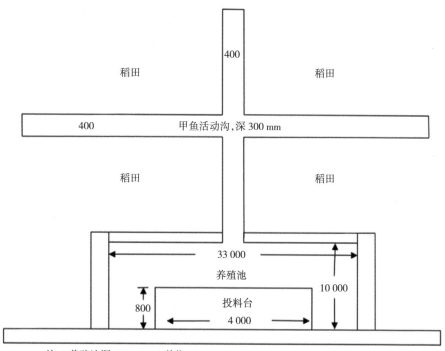

注:1.养殖池深600 mm。2.单位,mm。

图 4-4a 稻田"十"字沟示意图

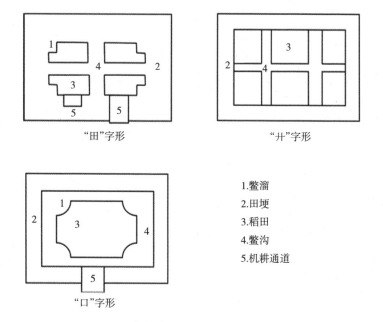

"田"字形

"井"字形

1.鳖溜
2.田埂
3.稻田
4.鳖沟
5.机耕通道

"口"字形

图 4-4b 稻田平面结构图

输,田埂应高出田面0.5~0.8米,基宽5~6米,顶宽2~3米。鳖沟的位置、形状、数量、大小应根据稻田的自然地形和面积大小来确定。

（3）进排水系统。进排水系统直接影响到稻鳖综合种养的生产效果和经济效益,一般是利用稻田四周的沟渠建设而成,进排水总渠和各支渠应独立,严禁交叉污染,以防鳖病传播。按照"高灌低排"的原则设置进、排水口,以确保水灌得进、排得出,并且要定期对进、排水总渠及各支渠进行修整消毒。一般情况下,进、排水口应分别设于稻田两端对角处,在稻田一端的田埂上建进水渠道或管道,进水口用20目的长型网袋过滤进水,以防止敌害生物随水流进入稻田。排水口建在稻田另一端环形沟的最低处,由PVC弯管控制水位,排水孔防逃网的网目也为20目。进、排水口也可安装8孔/平方厘米金属材料的防逃拦网(图4-5)。为防止夏季雨水冲毁田埂,可以在稻田低处开设一个溢水口,并用双层密网过滤,防止鳖逃逸。

图4-5 砖砌+彩钢瓦+塑料皮+网片防逃设施

（4）防逃设施。中华鳖具有用四肢掘穴和攀爬的特性，易逃逸，因此设置防逃设施是稻鳖综合种养的重要环节。防逃设施建在田埂和排水口处，可选用内壁光滑、坚固耐用的砖块、水泥板、硬塑料板或石棉瓦等材料建造。防逃墙高 60~80 厘米，埋入地下 20~30 厘米，每隔 90~100 厘米用木桩固定。若采用硬塑料板或石棉瓦建造，应向池内倾斜 15°埋入，不需建防逃反边。若采用砖块或水泥板垂直建造，则防逃墙需有 15~20 厘米的防逃反边。为防止中华鳖沿夹角爬出外逃，稻田四角转弯处的防逃隔离带需做成弧形。幼鳖喜沿防逃墙基部无休止地爬行，在防逃墙内，每隔 100 米处设置与其垂直的分隔拦网或阻隔墙，使鳖在池边爬行一段时间后就能再回到鳖沟中休息或觅食。

（5）饲料台与晒背台。根据中华鳖的生活习性，在鳖沟两侧每隔 10~15 米应设置 1 个饲料台兼作晒背台（图 4-6），作为鳖觅食、晒背场所。饲料台长 3 米、宽 0.5 米，一端在埂上，另一端放入水下 5~15 厘米。

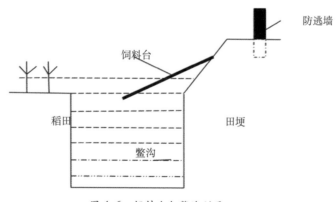

图 4-6　饲料台与鳖沟剖面

2.水草种植

可人工建造仿生态环境，在鳖沟内种植水草，有利于鳖健康生长，提高鳖的品质。种植前，对稻田鳖沟彻底清池消毒。可用10 千克/100 平方米水体生石灰或 1 千克/100 平方米水体漂白粉干池消毒，若带水清池消

毒,则生石灰和漂白粉用量需分别增加到20千克和2千克。消毒3~5天后移栽伊乐藻、轮叶黑藻、菱角和水花生等水生植物,构建鳖的仿生态生活栖息场所。相邻两束水草之间种移植距离应在3米以上,移植面积需控制在鳖沟总面积的1/3左右。

3.秧苗栽插

一般5月育秧,6月中旬开始栽插秧苗。养鳖稻田宜推迟10天左右进行机插或抛秧。无论是采取机插还是抛秧法,都要充分发挥宽行稀植和边坡优势技术特点。为了给鳖在秧苗行株距中爬行提供足够的活动空间,栽插时应采取浅水和大垄双行(宽窄行)交替栽插的方法,要求每亩1万丛左右,株距为18厘米,宽行行距为40厘米,窄行行距为20厘米。这样,即使是在水稻分蘖抽穗期,稻田中仍然给幼鳖留有较大的活动空间,可确保幼鳖生活环境通风、透气且采光性好,这种栽插方法对鳖的生长非常有利,同时减少了水稻纹枯病和稻瘟病的发生。

4.幼鳖投放

投放大规格幼鳖是稻鳖综合种养成功的关键,规格小于50克/只的稚鳖成活率很低,生长速度很慢,难以见效。在幼鳖投放前10~15天,需清理鳖沟,对水体进行彻底清沟消毒。一般,每亩鳖沟泼洒生石灰20~50千克或漂白粉2~3千克,以杀灭水体内的野杂鱼类、蛇及蛙类等敌害生物及致病菌。幼鳖投放前,在鳖沟内投放活螺蛳100~200千克/亩、河蚌70千克/亩等,既可净化水质,又能为鳖提供丰富的天然饵料。

幼鳖投放方法可先稻后鳖。一般,每年5—6月种植水稻,7—8月每亩放养规格200~400克幼鳖300只左右。也可先鳖后稻,在插秧前半个月至1个月放养幼鳖。一般,4—5月每亩放养规格200克幼鳖250只左右,5—6月插秧。放养前用4%食盐水或碘伏20毫升/升浸泡3~5分钟,此外还要用生石灰、漂白粉等药物对稻田消毒,以预防疾病发生。

幼鳖投放模式包括大规格投放和小规格投放两种。大规格幼鳖放养规格为400~500克/只,放养量为200~300只/亩,年底鳖的规格为1 000~1 200克/只,可捕捞上市。要注意雌雄分池饲养,大小规格一致,避免相互咬伤;幼鳖入池前用3%食盐水浸泡10分钟,或用12%聚维酮碘10毫升/立方米水体浸泡15分钟消毒。投放小规格幼鳖当年不能收益。一般情况下,在第一年的5—6月、大田插秧前投放经挑选的二龄50~100克/只的小规格幼鳖,放养密度为400~600只/亩,雌:雄=(4~5):1,以免幼鳖相互打斗撕咬,致伤致残。要注意雌雄同池饲养,规格大小要求一致;尽量选本地人工繁殖和池塘培育的品种,无病无伤、活泼健壮,谨慎选用温室培育的鳖种;适时分池饲养,降低密度,提高幼鳖的生长速度。幼鳖入池前,用3%~4%食盐溶液浸泡5~10分钟或用10~20毫升/升高锰酸钾溶液浸浴20分钟,杀灭体表的寄生虫或病菌。

5.饲养管理

(1)投饲管理。鳖是肉食性为主的杂食性动物,自然水体中主要以小鱼、小虾、螺、蚌和水生昆虫等为食。鳖开始摄食的水温在20 ℃左右,此时需投喂少量人工饲料进行驯化,促使鳖尽快开食,以延长其生长期。投喂时,可将动物性饲料(鲜活鱼等)与植物性饲料(麸类、饼粕类、南瓜等)或配合饲料搭配使用,其中鲜活鱼的比例要占到20%左右。

在鳖的养殖过程中,饵料选择及投喂方法非常重要。为提高鳖的品质,采取定时、定量、定位和定质的"四定"原则,进行合理科学投喂。要根据鳖的摄食情况,适当增减投喂量,确保鳖不饥饿不打架、不相互争食抢食。全年投喂应掌握"两头轻、中间重"的原则,即春季和秋末投喂量要少,夏季至秋初投喂量要多。一般情况下,夏季至秋末投喂量占全年的70%~80%,具体投喂量视当天天气、水温、活饵等情况而定。一般情况下,幼鳖人工配合饲料投喂量为体重的5%~8%,成鳖为3%~5%,达到七成饱即可,

以促其到稻田里觅食螺蛳、小鱼、小虾和水稻害虫等。投喂时间为每天上午 8~9 时、下午 5~6 时。投喂的饲料营养丰富、新鲜、无腐败变质、无污染，最好是浮性膨化颗粒饲料。若投喂鲜活饵料及粉料，应将饵料搅拌后做成球形或团块状，固定后不易散失浪费。若投喂新鲜动物性饵料，可按鳖体重的 10%~15% 确定投喂量，以投喂后 1.5 小时内吃完为宜。在投喂新鲜动物性饵料时，最好用沸水煮沸 15 分钟，杀菌杀虫，改变饵料的适口性，促进鳖的摄食和消化，特别是在亲鳖投饵中应大力提倡。

鳖的饲料应投放在饵料台上，方便幼鳖摄食。由于鳖有喜静怕惊的特点，投喂饵料后，大量的鳖爬到食台上摄食，不能受到惊吓。若鳖遇惊扰会立即潜入水中，饵料大量散落入池而造成浪费。因此，投喂饵料后，一定要保持鳖池周围环境安静。

（2）日常管理。每天检查鳖的吃食及活动情况，注意观察鳖沟内水色水质变化情况等。定期对鳖沟进行消毒，每天清洗饵料台。在夏季高温季节，每周用生石灰水泼洒鳖沟 1 次，每半个月换水 1 次。在不影响水稻正常生长的情况下，可适当加深稻田水位，一般稻田水深掌握在 15~20 厘米，水温在 20~33 ℃。同时，为保证鳖和水稻的质量，禁用农药或尽量选用高效低毒农药，严格控制，安全用药。在稻鳖混养区内，一旦发现死鳖应及时清理。

（3）田间管理。科学晒田主要是通过排水后曝晒田块，促使水稻根系生长发达、茎秆粗壮，有效抑制水稻的无效分蘖及基部节间伸长，从而调整稻苗长势长相，增强水稻抗倒伏能力，达到提高水稻结实率和增加粒重的目的。稻鳖综合种养的稻田，其晒田总体要求是轻晒或短期晒，晒田时间控制到田块中间不陷脚、田边表土不裂缝为止，即水稻浮根泛白时为宜。晒田后要及时加注新水，将水位提高到原水位，以免鳖沟内幼鳖密度过大,对幼鳖生长产生不利影响。

在水稻栽培技术方面,要紧紧围绕"防倒伏"进行控制,一般情况下,采用"二控一防技术","二控"是指控肥和控水,控肥就是在水稻整个生长期内不施肥,控水就是早搁田控苗,在水稻分蘖末期达到80%穗苗时重搁,使稻根深扎,后期干湿交替灌溉。"一防"指防止水稻倒伏。

(4)水质调控。

①水位控制。稻田水位控制的基本原则是所控制的水位既能晒田又能使鳖不因缺水而受伤害。水位控制的具体方法是在每年3月,稻田水位一般控制在30厘米左右,目的是提高稻田内水体水温,促使鳖尽早出来觅食。4月中旬以后,稻田水温已基本稳定在20 ℃以上,为使稻田内水温始终稳定在20~30 ℃,稻田水位应逐渐提高至50~60厘米,以利于鳖的生长。越冬期前的10—11月,稻田水位控制在30厘米左右为宜,这样既能够让稻蔸露出水面10厘米左右,使部分稻蔸再生,又可避免因稻蔸全部淹没水下,导致稻田水质过肥缺氧,而影响稻田中饵料生物的生长。越冬期间,要适当提高水位进行保温,水位一般控制在40~50厘米。晒田期间,鳖沟内水深应保持在60~80厘米。除晒田外,其余时间鳖沟水位都保持在120厘米以上,田面水位保持在20厘米以上。

②水质调节。稻鳖共生期间,除种植水草等生物调节方式外,主要靠换水等物理方法来保持水质达标,一般每隔15天,鳖沟内水量需换1/3。此外,还可用化学方法和微生物制剂来调节水质。一般情况下,每隔15~20天向水体泼洒生石灰消毒1次,用量为180千克/公顷。在生石灰泼洒7~10天后,再泼洒微生物制剂来改善水质。

(5)敌害预防。鳖的敌害主要是老鼠、水蛇、蛙类、各种鸟类及水禽等,在稻田中发现时要及时进行清除。这些敌害对幼鳖危害较大,如与幼鳖争食、传播疾病等。对付鼠类,要在稻田埂上多设置一些鼠夹、鼠笼加以

捕猎。对付蛙类的有效办法是在夜间加以捕捉。对付鸟类、水禽的主要办法是及时驱赶或设置防鸟网。

6.鳖的暂养与运输

(1)鳖的暂养。从稻田中直接捕获或用网具捕获的鳖,体表和口腔内都会有泥沙和污物,必须用清水冲洗干净后在水泥池或土池暂养,运输上市前暂养一般不超过 3 天。

水泥暂养池面积一般为 20~25 平方米,池深 0.8 米,水深 20 厘米左右,池底细沙厚 10 厘米,此法可暂养成鳖 100 千克/池。土池面积以 500~1 000 平方米为宜,进排水设施要完善,在池底需留淤泥沙 20 厘米,水深 40 厘米左右,此法在冬季可暂养成鳖 15~20 千克/平方米,春夏季节可暂养成鳖 10 千克/平方米。土池暂养若保持微流水状态,暂养时间可以长达 60 天以上。若将雌雄分开暂养,可避免雄鳖之间的相互撕咬打斗,暂养时间可以更长一些,土池暂养法是最常用、最简单的方法。

(2)鳖的运输。

①稚幼鳖的运输工具主要为塑料箱和木箱。塑料箱箱底和四周均有通气小孔,运输时数层叠放,运载量大,规格一般为 60 厘米×40 厘米×15 厘米。运输前,在箱底铺上一层水草,放鳖后再盖一层水草,淋一些水。途中每隔几小时淋水 1 次,保持一定的湿度。每层可装稚幼鳖 600 只左右。木箱为杉木板与聚乙烯窗纱结构,箱体四周为木板框,木板上钻有若干孔径为 1.5 厘米的圆形小孔,便于通风,箱底装 25 目的聚乙烯窗纱,顶部备有纱窗箱盖,便于运输途中洒水及空气对流。木箱规格一般为 45 厘米×35 厘米×10 厘米,箱与箱之间做有镶嵌槽,运输时便于各层之间相互套装,以防止稚幼鳖爬出木箱。一般情况下,每 4~5 箱叠成一组,装运前,先在箱底铺一层新鲜水草,放入稚幼鳖后再盖上一层水草。一般情况下,每层木箱可运输稚幼鳖 400 只左右,一组可运输 1 600~2 000 只。

②成鳖的运输包括成鳖和亲鳖的运输。一般情况下,采用木箱或塑料箱运输,箱的规格为90厘米×60厘米×40厘米,在箱底凿几个滤水孔,此法每箱可装成鳖或亲鳖20千克左右,宜在低温季节运输。高温季节,需低温运输,将箱的高度增加到55厘米左右,箱底也凿几个滤水孔。此外,在距箱底1/3处做隔板,将箱分成上下两层,上层放15千克左右冰块,下层可装20千克左右鳖。

③特制鳖箱运输。若路途遥远、天气炎热时,运输成鳖或亲鳖可采用特制运输箱进行运输,以提高鳖的成活率。先将运输箱内分成若干小格,要根据所装鳖的规格设计小格的大小,一般,1小格只装1只鳖,格内先铺些水草,再将鳖侧放入小格内,装鳖后再盖上水草,以提高成活率。注意箱盖要钉牢或绑紧,防止运输途中鳖逃跑。为便于木箱淋水、滤水和通气,在木箱的箱盖、箱壁和箱底上都设有小孔。这种方法运载量大,而且成活率有保证。

二 茭鳖综合种养模式

茭鳖综合种养是在原有茭白田改造的基础上进行茭鳖共生的一种高效生态种养新模式。茭白田间行距宽、水位高,可利用的水体大,茭鳖互利共生,既能充分利用了土地、提高单位产出率,又能减少病虫害和污水的排放,保护了生态环境,生产出品质好的茭白和有机鳖,对农产品质量安全和生态环境保护具有重要意义。该模式在单、双季茭田中都可展开,根据季节安排,在茭白定植后10~15天,放养250~350克/只幼鳖,单季茭白田经过9~12个月,即可生长出750克/只的商品鳖,双季茭白田经过12~18个月,即可生长出850克/只的商品鳖,茭鳖共生期贯穿于茭白整个生长期。(图4-7)

图 4-7　茭白-中华鳖综合种养

1.田块选择与改造

（1）田块选择。养鳖的茭白田应地势低洼、无污染、水源充足、水质良好、排灌及交通便利。田块土地平整,耕作层深厚,面积一般为 8~10 亩。尽量与水稻、莲藕轮作,以减少病虫害的发生。

（2）田块改造。为便于鳖的活动和越冬,在茭白田开挖"田"字形鳖沟,边沟窄、中间沟宽,按 10 亩/塘面积计算,每塘边沟宽 1.2~1.5 米、深0.8~1.0 米,中间沟宽 2~3 米、深 1.0 米,沟面积占茭白田面积的 10%~15%,水沟边建沙泥滩。鳖具有四肢掘穴和攀爬的特性,应在茭白田四周建防逃设施。一般情况下,在茭白田四周砌高 1 米的围墙或 0.6 米的防逃网,防逃网底部埋入泥土中压实,用木桩固定,防止鳖外逃和受到老鼠、蛇等天敌的伤害。进排水口必须用铁丝网或塑料网做护栏。根据鳖的生活习性,需在沟四角各建 1 个用竹片和木板混合制作的饲料台,田中央建一平台,供鳖晒背。茭白定植前,用 100 千克/亩生石灰对田块进行消毒,7~10天后向田内注水 30~40 厘米。

2.茭白种植

茭白种植前一般每亩施腐熟有机肥 1 500 千克作基肥,整地完成后,灌水 2~3 厘米,做到田平、泥烂,确保肥源。选择高产、抗病力强、适宜在耕作层深厚的水田种植的茭白良种,单季茭田选用金茭 2 号,双季茭田可选择浙茭 2 号或浙茭 911。按照茭白常规定植时间,单季茭田金茭 2 号于 4 月中旬定植,双季茭田浙茭 2 号于 6 月下旬定植,定植密度为 750~800 株/亩,行距 1.2 米,株距 0.6 米,定植数比常规种植减少 1/4~1/3。

3.幼鳖投放

选择抗病力强、规格整齐、行动敏捷、体质健壮的幼鳖品种,在茭白定植后 15~20 天投放。单季茭田 5 月初投放,放养规格为 350 克/只,双季茭田 7 月上旬投放,放养规格为 250 克/只,放养密度均为 150 只/亩。雌雄比例为 2:1 或 3:2,最好将雌雄分塘养殖。选择天气晴好的中午放养,放养前须用 5% 的食盐水浸浴 5~10 分钟或用 10~20 毫克/升高锰酸钾溶液浸浴 20 分钟,以杀灭体表寄生虫或病菌。放养时水温温差不超过 2 ℃。刚投放的幼鳖有一个适应期,需一周后投喂。春季可向茭白田中投放消毒过的蚬、小虾、小鱼、河蚌、螺等作为鳖的天然饵料,一般投放量为 250 千克/亩。幼鳖如在运输过程中受伤而引发皮肤溃烂,应在抗生素(如克林霉素)溶液中浸泡一段时间再投放。

4.种养管理

(1)茭白管理。茭田前期行间空间大,宜滋生牛毛草、稗草、鸭舌草等杂草,采用人工拔除及摸田除草加快肥料分解。在生产过程中及时剥去茭白黄叶、老叶、病叶,拔除雄茭、灰茭等,随即踏入田中沤作肥料,以利茭白植株孕茭和鳖活动休息,一般在 7 月下旬至 8 月中旬进行。

(2)水分管理。单季茭移栽后先浅水勤灌促分蘖,后灌水逐渐加深,高温及孕茭期灌深水,套养田块灌水可适当加深,但灌水深度不能超过茭白眼。双季茭在定植前放养浮萍,降低水温,定植后深水护苗,活棵后放水搁田,以后保持水层,并干湿交替,直至孕茭。孕茭至采收期保持水层

25~30 厘米。夏茭在出苗后灌薄皮水,提高光照,增加温度,压墩后不断水,4月下旬孕茭后保持水层并逐渐加深到 25~30 厘米,保证茭白洁白和良好的商品性。

(3)投喂管理。鳖在水温 20 ℃时开始摄食,可投喂少量饲料,使鳖尽快开食。鳖是以肉食性为主的杂食性动物,自然界中主要以小虾、小鱼、螺、蚌和水生昆虫为食。可投喂配合饲料,也可投喂鲜活鱼等动物性饲料,搭配饼粕类、麸类、南瓜类等植物性饲料。在饲养过程中,每天定时定点投喂,投喂量应根据天气、水温和鳖的摄食情况灵活掌握,达七成饱即可。投喂时间一般在每天上午 9~10 时,下午 4~5 时。投喂的饲料要无污染、无腐败变质、新鲜、营养丰富,饲料中不能添加任何激素、抗生素及促生长素。

(4)水质管理。水质水温对鳖的生长发育影响很大,要注意控制水位,注意观察水质并及时换水。在水质管理上,每 7 天加注 1 次新水,使田间水深保持在 20 厘米左右。高温季节,在不影响茭白生长的情况下,尽量加深水位,最深不超过茭白眼,水质始终保持肥、活、嫩、爽。

(5)其他管理。要坚持每天巡田,检查防逃设施、水质是否正常等。如遇暴雨,要及时疏通排水口。做好蛇、鼠、虫、鸟等敌害预防工作。

5.病虫防治

茭鳖综合种养中,鳖的活动能增加土壤的通透性,其粪便可作为茭白的肥料,增加茭白植株抗性,控制茭白田中福寿螺等敌害的数量,在很大程度上减少病害发生。对于发生较多的二化螟、飞虱等害虫,安装光气一体化飞虫诱捕机,可有效预防田间害虫。

6.茭白采收

茭白采收适期的外观指标是单株茎蘖假茎基部显著膨大,一侧"露白",即相互抱合的叶鞘,因肉质茎的膨大,将它们中部挤开裂缝,当裂缝长 1~2 厘米,露出其中白色茭肉时,就表示肉质茎已达到肥大、白嫩程度,适合采收。单季茭白,8月底人工梳理茭白黄叶,10月初采收。双季茭白,10月中旬人工梳理茭白黄叶,10月底采收。根据气温情况,每隔2~5天采收1次,天暖或盛收期要勤采,以防变老。采收后期,如全墩茎蘖都已结茭白,应保留2~3支肉质茎不采,作为通气之用,以免全墩淹死。采收结束后,在清理茭墩时,应让鳖进入鳖沟,此后放水,鳖进入茭田继续养殖。

7.捕捞上市

单季茭田中鳖12月至翌年3月分批捕捞上市,平均体重750克/只左右,双季茭田中鳖于翌年8—12月分批捕捞上市,平均体重850克/只左右。

三 藕鳖综合种养模式

莲藕是我国种植面积最大的水生蔬菜,藕鳖综合种养模式是在原有藕田改造的基础上进行种养结合的生态模式。藕鳖综合种养由于采用了生态种养结合的模式,增加了有害生物的天敌,营造了良好的生态环境,池塘中基本上不会发生病虫害,因此不需施用扑虱灵、吡虫啉、菊酯类、有机磷类等药剂,防止对中华鳖的机体健康产生威胁。采用莲藕田套养中华鳖的方式,既促进农业增效、农民增收,又形成了藕鳖互利共生、水资源和空间充分利用的生态养殖模式,是绿色综合种养模式的典范,有利于提升中华鳖的品质和口感,推动种植业和养殖业的共同发展。(图4-8)

图4-8 藕鳖综合种养

1.藕田选择与改造

（1）藕田选择。在避风向阳、环境安静、便于看护、土壤保水保肥、水质良好又无污染和排灌方便的藕田植藕养鳖。塘底平坦，形状为东西方向的长方形藕田较好，能保证藕田不受干旱、洪涝和狂风的影响。

（2）藕田改造。

①藕田平整。将藕田中残留在底泥中的植物根茎进行翻耕并运走，平整田底。

②开挖鳖沟。藕田内套养中华鳖要挖有一定坡度的鳖沟或田边条沟；条沟宽 2.5~3 米、深 1.2~1.5 米，沟的总面积占莲藕田面积的 10%~20%。田中央应建一个或几个（视田的大小而定）土堆并在四周铺厚 20~30 厘米的细河沙。土堆南北向，长 6~10 米、顶宽 1.5~2 米，高出正常水位0.7~0.8 米。

③防逃设施。可用砖、水泥板、聚乙烯网、塑料板等材料建防逃设施。砖墙高 60~70 厘米，墙基深入泥土中 20~30 厘米，墙内壁粉刷光滑，墙顶向内出檐 10~15 厘米。进水口用砖和水泥砌好并安装金属网栅。

④进排水系统。在藕田靠近进水源的一边建造一个进水闸，在另一边建造一个排水闸。两个闸门要设置在斜对角，在加注新水时便于塘水的充分交换。

2.莲藕栽培

选择藕身完整、饱满、壮实和抗病力强的莲藕品种，植藕前 7~10 天将莲藕田深翻 1~2 次，每亩施入腐熟厩肥 2 500~3 000 千克（或绿肥 3 500~4 000 千克）和多元复合肥 30~50 千克，然后翻耕、耙平、放水，当气温上升到 15 ℃时即可栽植。

选择新鲜、无病虫、无破损、有 2 个以上节位、单支重 0.5 千克以上的莲藕，栽植前，用 50%多菌灵或甲基托布津 800 倍液+75%百菌清可湿性粉剂 800 倍液喷雾,用膜覆盖消毒 24 小时,晾干后即可播种。栽植行距 2 米、穴距 0.5 米。栽植时各行种植穴交错排列,藕头左右相对,边缘藕头一律向内。藕头要稍向下斜插入土中 8~12 厘米,后节稍向上翘,前后与水平线呈 20°角左右。

莲藕种植时间一般为 5 月中旬至 5 月下旬,种植时需保持水深 10 厘米,每亩种植莲藕 400 株,均匀扦插于淤泥中。莲藕一次种植可采收 3 年。莲藕种植完成 30 天后投放中华鳖。

3.幼鳖投放

放养前 7~10 天,池底留水 5~10 厘米,每亩用生石灰 75 千克加水溶解后全池泼洒消毒。水温上升到 20 ℃以上时,选择晴天,放养活力高、无病伤、抗病力强的幼鳖,放养规格为 250~500 克/只,每亩投放 200~300 只,要求幼鳖大小基本一致。投放前用 3%~4%食盐水浸浴消毒 10 分钟,消毒后的中华鳖需自行爬入池中, 投放中华鳖苗种要将雌雄分池养殖,防止交配和咬伤。同时,还应搭配放养少量鲫、鲢、鳙、草鱼等,以充分利用水体和补充鲜活饵料。

4.饲养管理

(1)投喂管理。放养后前 5 天不投喂任何食物,第 6 天开始投喂鳖专用饲料,分早晚两次,早上 7 时、下午 6 时,投喂完 40 分钟检查投食台,以吃完为最佳, 没吃完的要清理掉以免食物腐烂。在 40 分钟内吃完的,第二天适当增加投食量。随着鳖的生长和体重增加,投饲量要逐渐增加。一般投喂五分饱,目的是让鳖追逐捕食塘内的丰富水生物资源,如螺蛳、小鱼等,同时也加大鳖的运动量,使其肉质更好。阴雨天气可以少喂或不喂食,连续 5 天阴雨天气,每天投食次数减为一次,投食量减 3/4。在每天的投喂饲料里可以适当添加大蒜和保肝宁,调理鳖肠胃、增加抵抗力。也可适当搭配一定数量的鲜活饵料,如蚯蚓、小鱼、小虾、蚕蛹、黄粉虫、螺、动

物内脏等,经消毒处理搅碎拌入配合饲料中。9月中旬天气转凉,每天投喂1次,至10月中旬改为两天投喂1次,当水温低于12℃时,鳖钻入泥底开始冬眠,一般11月开始不投喂任何食物。

(2)田水管控。莲藕田养鳖与池塘专养不同,莲藕田前期水位较浅,水温受外界影响大,稳定性差。鳖放养后,水位要逐渐加深,在不严重影响莲藕生长的情况下,尽可能多注入些新水。莲藕田养鳖,田水适宜 pH 为7~8.5,溶解氧在4毫克/升以上,水透明度在30~35厘米。7—9月温度高,投饵多,水质易变坏,应勤换水,主要是加注新水。荷叶密度太大时,要从基部砍疏一部分,以增加光照。每隔15天泼洒20毫克/升的生石灰水1次,每30天泼洒1毫克/升的漂白粉溶液1次,以改善水质。

(3)日常管理。每天坚持巡塘,观察鳖的活动情况、防逃设备完好情况、水质变化情况、藕的生长情况等,发现问题及时处理。勤除敌害、污物,及时清除残余饵料,清洗食台和工具。定期检查池塘四周防逃铁丝网片及石笼,严防鼠害等。坚持夜晚巡塘,特别是大雨、雷阵雨和持续闷热天气。

5.病害防控

坚持"以防为主,防治结合"的原则。莲藕田病虫害很少发生,由于采用生态种养结合模式,生态环境好,生产试验中没有发生病虫害。主要病害防治方法为平均每个月用碘制剂或二氧化氯泡腾片消毒1次。定期用三黄粉、大蒜素等药物拌饵投喂,确保幼鳖不发病,能健康生长并做好记录。

6.藕的采收和鳖的捕捞

当藕田长出许多终止叶时,藕即可随时采收上市。鳖可根据需求捕捞上市,可养1年,也可养2年。鳖的捕捞有笼捕、光捕和干田捕等方法。一般情况下,藕带收获时间为7月至11月中旬,采用人工采摘的方式。中华鳖的捕获时间为12月至次年4月,采用人工捕获的方式。

四 菱鳖综合种养模式

菱角为一年生水生浮叶植物,在浅水和深水中均可栽种。菱角含有丰富的蛋白质、维生素和矿物质。

目前,菱角单一品种的种养模式使生态系统的食物链过于简单,叶片高密度覆盖,使水体缺氧,易引起病虫害及水体富营养化。根据中华鳖的生活习性,对菱角池塘的基础设施进行改造,建立防逃设施、晒背台和饵料台。因地制宜选择产量高、分枝力强、外形完整无损伤的菱角品种进行种植。选用规格统一、活动力强、健康无病的中华鳖幼鳖放养。

菱角于4月中上旬开始播种,种植过程中,池塘水位保持在1~2米,播种后经过10~15天开始放养中华鳖幼鳖,放养规格为250~500克/只,放养密度为100~200只/亩。由于幼鳖放养密度低、水质好,幼鳖基本不发病,但仍需做到无病先防、有病早治。

菱角定植前要进行全池消毒,以预防鳖的细菌性病害。夏季高温期,为预防鳖病发生,可在饲料中添加板蓝根、金银花、五倍子等复合中草药,提高中华鳖的免疫力和抵抗力,促进鳖摄食消化,平稳度过病害高发期。

菱角种植既分解了水体中的有毒有害物质,改善水质,又为鳖提供隐蔽场所,保证中华鳖稳定生长。鳖在水体中活动,搅动池塘底泥,释放出营养物质,为菱角提供养分,促进菱角健康生长。菱鳖综合种养极大地提高了种养效益,有效地促进了农业增效、农民增收。(图4-9)。

图4-9 菱鳖综合种养

（五）蒲鳖综合种养模式

蒲鳖综合种养是在鳖池中心种植蒲草净化水质的一种生态养殖模式。种植蒲草的池塘，可有效防止鳖之间相互撕咬，形成一个隐蔽的生存空间，以促进鳖的生长。同时，蒲草净化水质，给鳖提供清洁卫生的生活环境，提升鳖的品质。蒲草还可以起到保温作用。蒲鳖共生，鳖的发病率极低，无病无伤，光泽好，口感好。蒲草净化池生态养鳖具有生态环保、伤病率低和节约用水等特点，是一种高效生态农业发展新模式。（图4-10）

图 4-10 蒲鳖综合种养

在蒲鳖综合种养池塘中心种植蒲草，面积为池塘总面积的 2%~5%，使蒲草自然萌发生长，当蒲草面积萌发至整个池塘面积的一半时，需人工控制蒲草面积，多余的蒲草采用人工收割方式去除。在蒲鳖综合种养过程中，根据季节温度调节池塘水深至 50~80 厘米。

选择抗病力强、规格整齐、行动敏捷、体质健壮的中华鳖，在蒲草定植后 10~15 天投放。蒲鳖共生放养方式有 3 种：投放中华鳖稚鳖时，放养规格为 4~6 克/只，放养密度为 50~80 只/平方米；投放商品鳖时，放养规格为 250~500 克/只，放养密度为 2~3 只/平方米；投放亲鳖时，放养规格为 750~1 000 克/只，放养密度为 1~2 只/平方米。放养前须用 3%~5% 的食盐水浸浴 5~10 分钟或 10~20 毫克/升高锰酸钾溶液浸浴 20 分钟，以杀灭体表寄生虫或病菌。放养时水温温差不超过 2 ℃,应选择天气晴好的中午放养。

中华鳖饲料投喂量为鳖总体重的 3%(干重),每天 2 次,早 6 时,晚6时,各投喂 1 次,投喂量的比例为早上 40%,晚上 60%。晴天投喂,阴雨天不投喂。

第五章 中华鳖疾病的防治技术

▶ 第一节 鳖病的预防措施

一 生态预防

中华鳖在养殖过程中,会产生大量残饵和粪便,污染、恶化水质,引起疾病。生态预防主要是利用藻类、水生植物、微生物等分解和吸收水体中的营养物质,改良水质,防止残饵与粪便积累,从而达到净化水质的目的,为中华鳖营造良好的生态环境,构建适宜鳖健康生活的仿自然生态系统,以减少鳖的病害发生。

1.构建良好的生态养殖环境

养殖地点要求地势平缓,以黏性壤土为佳,塘口坡比为 1:1.5,水深 1.0~1.8 米。水源无污染,pH 为 6.5~8.5,水体碱度不低于 50 毫克/升。面积比较大的水域可在池中间构筑多道池埂,以保证有足够的地方供鳖掘洞,所筑池间小埂,有一端不与主池埂连接,使小池埂之间相通,以方便进排水。这样,在养殖密度较大时,通过一个注水口即可使整个池水处于微循环状态,便于管理。

2.植物净化

在鳖池中种植或移植轮叶黑藻、伊乐藻、苦草等水草,可两种水草兼种,即伊乐藻和苦草,或轮叶黑藻和苦草,种植面积应视池塘水深、养殖密度等而定,如果水草被破坏,应及时移植新的水草。在池塘中培养浮游植物可以净化水质,浮游植物能够吸收残饵和粪便带来的营养物质,改善养殖环境条件,为鳖提供良好的生态环境。生产上,人工培育小球藻、硅藻等优质浮游植物,使水体呈黄绿色。

3.微生物净化

微生物制剂主要是分解水体中残饵、鳖的粪便及动植物尸体等有机物,以减少它们的毒害作用。定期使用 EM 菌等微生态制剂,适量移植水草,投放螺类,结合生态设备进行生态环境维护,为中华鳖提供优良的生活和生长环境,以增强中华鳖的非特异性免疫能力,减少疾病发生。这种方法在示范推广区可使中华鳖疾病发生率降低 30%。

4.滤食生物净化

主要搭养鲢、鳙等滤食性鱼类,净化水质。

5.水质调节

注意水体水质的变化,勿使水质过肥,经常加注新水,保持水质肥、活、嫩、爽。

二 免疫预防

免疫预防即定期接种疫苗、接种土法疫苗或投喂适量含免疫增强剂的饲料,增强鳖的机体对相应疾病的抵抗力,预防病原体感染及疾病的传播,目前中华鳖免疫预防常用土法免疫方法。

土法疫苗是用病鳖的多种内脏器官制备,它是一种混合类毒素,可以预防多种鳖病,若是某一种疾病,也可取相应内脏制备该病的单一疫苗,但必须视发病情况而定。

1.组织浆的制备

取病鳖的肝、脾、肾、腹水和肠系膜等内脏器官,称重、剪碎后放在研钵(或匀浆器)中,先按 1:10(即 1 克组织,加 10 毫升生理盐水)的比例加入 0.85% 的生理盐水,在研钵中研碎,再用双层纱布过滤成均匀的组织浆,或者将组织浆用离心机(4 000 转/分钟)离心 40 分钟后,取其上清液备用。

2.灭菌

将组织浆置入恒温水浴锅内,加温,将水浴锅内的水体温度控制在 60~65 ℃,同时要摇动组织浆数次,使其温度一致。加热 2 小时后,向组织浆内加入含 40% 甲醛的福尔马林溶液,配成 1% 的浓度备用,使用时组织浆需稀释一倍。

3.保存

组织浆灭菌后需装入瓶中,用石蜡或不干胶封口放入冰箱内保存,通常可保存 2~4 个月。若是低温冰箱,可保存 1 年。若放阴凉处,仅能保存 1 个月左右。

4.疫苗的运用

土法疫苗的注射剂量要根据鳖的体重来定,体重 500 克以上的鳖,注射剂量为 0.5 毫升;体重在 200~400 克的鳖,注射剂量为 0.2 毫升;200 克以下的鳖,注射剂量为 0.1 毫升。通常采用腹腔注射,注射部位为鳖后腿拉出后的凹陷处、右下腹甲的稍后处。注射时,先用 75% 酒精棉球对注射部位进行消毒,再将鳖体稍歪斜,使右腿朝下,使鳖内脏偏向左下方,针头与腹部呈 10°~15° 角进行注射。注射针头选用 6~8 号,注入深度为 0.5~1.0 厘米,以不伤内脏为准。

三 药物预防

药物预防主要包括外用药预防、免疫促进剂预防和内服药物预防等三种方式。

1.外用药预防

主要是泼洒碘制剂(如聚维酮碘、季氨盐络合碘)或氯制剂(如二氧化氯)等消毒剂,对养殖环境中的病原微生物进行杀菌消毒。

2.免疫促进剂预防

主要是提高鳖的抗病力和免疫力。一般,在饲料中添加 β-葡聚糖、多种维生素合剂或壳聚糖等免疫促进剂,可提高鳖对疾病的抵抗力,增强其免疫力。

3.内服药物预防

主要使用中草药进行疾病预防。中草药不仅含有大量的生物碱、苷类、有机酸、挥发油、鞣质、多糖、多种免疫活性物质和一些促生长活性物质,而且还含有一定量的蛋白质、氨基酸、糖类、维生素、油脂、矿物质、植物色素等营养物质,可以促进鳖的新陈代谢和体内蛋白质、酶的合成,促进鳖的快速生长和发育,增强体质,提高免疫力,从而降低疾病发生率和死亡率。其预防方法为:每 15 天用中药(如板蓝根、大黄、鱼腥草混合剂等比例分配药量)拌饵投喂进行预防。中药预防时,需要煮水拌饲料投喂,使用剂量为 0.6~0.8 克/千克鳖体重,连续投喂 4~5 天。如果事先将中药粉碎混匀,在临用前用开水浸泡 20~30 分钟,然后连同药物粉末一起拌饲料投喂效果更佳。

▶ 第二节　常见中华鳖疾病的防治

鳖在自然界是很少发病的,但在人工养殖情况下,鳖病却时有发生。有的养殖场甚至因鳖病而造成巨大的经济损失，鳖病的种类也逐年增加。鳖病的防治应该从根本上加以解决,以防为主。

通常把鳖病划分成四大类:传染性鳖病、侵袭性鳖病、敌害和其他因素引起的鳖病。

一　传染性鳖病

凡由细菌、霉菌或病毒等病原体引起的鳖病,统称传染性鳖病。以下介绍几种典型的传染性鳖病。

1.红脖子病

红脖子病又称大脖子病、肿颈病,是一种较常见的恶性传染病,我国养鳖地区多有此病发生。严重危害各种规格的鳖,尤其对成鳖危害最大。该病传染性极强,且流行季节较长,死亡率位居鳖病之首,严重时可成批死亡。(图5-1)

图5-1　红脖子病

【症状】病鳖身体消瘦,食欲不振,运动迟缓,对外界反应不敏感。腹部呈现红色斑点,咽喉部和颈部肿胀,红肿的脖子能伸长但不能缩回,厌食。肌肉水肿,继而整个裙边完全肿起,全身膨胀。病鳖无高度警惕性,当人走近时,也不逃避。病鳖在水中时而浮于水面,时而卧伏于水底。病情严重时,全身红肿、口腔、鼻腔出血,眼球浑浊发白继而失明,解剖后发现肠道发炎糜烂。大多数病鳖在上午上岸晒背后不久即死亡。

此病传染快,蔓延迅速,一旦发病,需及时采取措施。幼鳖、成鳖和亲鳖均可感染,危害性大,一年四季均可流行。

【病原体】嗜水气单胞菌嗜水亚种。分布广,在自来水、江河、下水道及食品和饲料中均有分布。由此病致死的鳖不得食用。

【预防方法】一是加强饲养管理,做好水质调控。幼鳖放养前要彻底清塘,养殖期间要及时清除残饵,经常换水,保持池水清洁、新爽,勿使病鳖混入池中,可减少此病流行。二是注重水体消毒。放养前用漂白粉10~20克/立方米或生石灰100~150克/立方米水溶液清塘消毒。三是药饵预防。可在饲料中添加土霉素或金霉素等抗生素药物制成药饵进行投喂。投喂方法:每千克鳖体重,第一天用药0.2克,做成药饵投喂;第二天至第六天用药减半,6天为一疗程,持续2~3个疗程。或人工注射金霉素,每千克体重用30万~45万国际单位,注射部位为后肢基部。针头朝向身体一侧并与背甲呈15°左右的角进行注射。或每千克体重添加15万~20万国际单位的抗生素,连续投喂3~6天,预防效果较好。

【治疗方法】此病关键是预防,无特效药,重症者难以治愈。一般用下列方法治疗,轻者可治愈。一是给病鳖人工注射卡那霉素或庆大霉素。剂量为每千克体重配药15万~20万国际单位,腹腔注射。二是取病鳖的病变组织做成土法疫苗拌饵投喂或注射。

2.鳃腺炎症

【症状】病鳖先是颈部肿大,然后全身水肿,口鼻出血,腹部两侧有红肿症状,眼球浑浊继而失明。鳃腺有纤毛状凸起,严重时出血溃烂。解剖后可见内脏出血,体腔有腹水。此病在鳖病害中危害最大,传染最快,一旦发病,几乎所有鳖都会被感染,死亡率极高,从而造成毁灭性灾害。此病主要危害稚幼鳖,每年的6—9月,水温在25~30℃时发病最为严重。(图5-2)

【病原体】目前尚未见正式报道。但从发病急和死亡率高的特点来看,该病极有可能是病毒引起的。

【防治方法】目前尚无有效治疗方法,预防措施主要是注重苗种质量,杜绝传染源;控制放养密度,提高放养规格;投喂新鲜饲料,加强饲养管理,平时注重水质调控。一旦发现病鳖,及时隔离,分池饲养,或将病鳖挑出后深埋、烧毁,然后对鳖池用200克/立方米漂白粉水溶液彻底消毒。对发病池中的其他未发病的鳖人工注射青霉素或链霉素等抗菌药物。

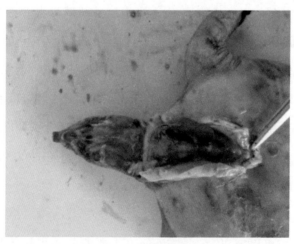

图5-2 腮腺炎症

3.出血性败血症

【症状】病鳖体表发黑,行动缓慢,反应迟钝,活力下降,浮于水面。开始表皮出现大小不等的出血斑,尤其是背壳和腹部底板部位最明显;随后表皮化脓或溃烂;颈部水肿,咽喉内壁严重出血;眼球发白继而失明,不吃食。病情严重时,病鳖的肾脏、肝脏及肠道也出现出血性病变,心、肝、肾等脏器为变质性炎症,脾为败血脾。发病快,病程 3~7 天;若饲养密度大,鳖相互撕咬,则传染更快,如不及时治疗,全池鳖均可感染,死亡率极高。流行季节为 6—9 月,适宜水温为 25~32 ℃,主要危害稚幼鳖。(图 5-3)

【病原体】嗜水气单胞菌。在水温 25 ℃以上,嗜水气单胞菌的生长繁殖速度最快,流行迅速,潜伏期短,发病快。

【防治方法】一是对病鳖进行隔离,然后用 10 克/立方米的漂白粉水溶液持续冲洗养殖池,对池塘进行彻底消毒。二是采用内用药与外用药相结合的方法进行防治。内用药主要是给发病池塘投喂加拌磺胺嘧啶药饵,以预防疾病的发生,或按每千克体重口服 0.5 克鱼服康或注射 10 万~15 万国际单位的庆大霉素(用卡那霉素也很有效)。外用药主要是用 200克/立方米浓度的福尔马林溶液对病鳖浸泡 10 分钟,并清除其化脓性痂皮及溃烂组织,涂上磺胺,或用 1.5 克/立方米氟苯尼考溶液全池泼洒,2~3 天重复 1 次。三是加强饲养管理,改良水质,多投喂一些鲜活饲料,增加抗病力。四是用土法制备出血性败血症疫苗进行预防接种,效果最好。

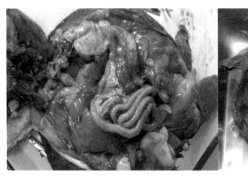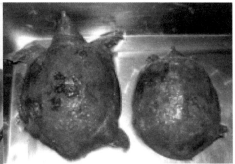

图 5-3　出血性败血症

4.疖疮病

【症状】①稚鳖症状:发病初期,病鳖的颈部、背腹裙边、背腹甲及四

肢基部出现一个至数个黄豆大的小型白色疥疮,随后向外逐渐扩散凸出,有时周围有充血,针刺即可破裂。用手可挤出一股有着腥恶臭味的浅黄色浓汁状颗粒物,鳖体留下一个孔洞。随着病情发展,出现严重疮疤溃烂,呈腐皮状,部分病鳖露出颈部肌肉和四肢骨,背甲溃烂成数个孔洞,脚爪脱落,病鳖不久衰竭死亡。

②幼鳖和成鳖症状:据张幼敏等描述,幼鳖和成鳖患疥疮病后的症状分为显性疥疮和隐性疥疮两种。

显性疥疮:病变发生在表皮柔嫩的颈部、裙边、四肢、背腹甲凸出的部位,主要是因为捕捉、运输中操作不当或鳖相互撕咬受伤后细菌侵入感染造成的。开始出现数个病灶,逐渐扩大,形成白色脓疱,用手挤压患处或用器械可挖出像豆渣样易压碎并有腥臭味的浅黄色粒状物,患处留下孔洞。病情严重时,疥疮向周围延伸并发生溃烂,骨骼外露,病鳖失去食欲,最后衰弱而死。

隐性疥疮:外表完好,无病灶。初期细菌侵入机体,在鳖的皮下或肌肉首先发病。如果生在机体深处,很难诊断。若病灶接近表皮,只能在病灶长大后才能发现,此时病灶部皮肤鼓起一个疱块,虽然皮肤表面尚好,但手术切开可挖出和显性疥疮一样的内容物,浅白色,豆渣状,有恶臭味,颗粒直径从几毫米到几厘米。如病灶生在要害部位,鳖不久即死亡,轻者可通过手术治愈。

若病原菌入侵血液,则迅速扩散全身,可导致急性死亡。此病全国均有发现,危害各个年龄段的鳖,尤其在冬季加温池中和高密度集约化养殖池中极易发生,鳖体越小,后果越严重。一般情况下,体重20克以下的稚鳖发病率可达50%,死亡率为100%。此病传染性强,危害严重,如不及时治疗,病鳖两周左右就会死亡。室外池暴发期为5—7月份,控温养殖以10—12月份流行最为严重。(图5-4)

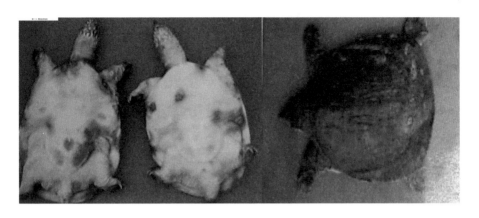

图 5-4　疥疮病

【病原体】豚鼠气单胞菌。

【防治方法】改善养殖环境条件,加强科学的饲养管理,合理安排放养密度,严格按照大小不同规格分池饲养,多投喂营养丰富的鲜活饲料,同时注意改良水质,可有效预防此病。

外用药治疗:一是用浓度为 50 克/立方米青霉素溶液浸洗病鳖30 分钟,或将病鳖隔离,挤出病灶的内容物,放入 0.1%~0.2%依沙吖啶溶液中浸洗 15 分钟,或用 25 毫克/毫升的土霉素、四环素、链霉素等抗菌药物浸泡病鳖 30 分钟,绝大部分可治愈。二是用 2~3 克/立方米漂白粉水溶液药浴,每隔 5~6 天 1 次,反复 3~4 次,进行池水消毒,有一定预防效果。三是用杀毒先锋 1 克/立方米溶液全池泼洒,隔 1 天后用聚维酮碘 0.5 克/立方米再泼洒一遍;四是用疥疮克星 3 克/立方米溶液全池泼洒,隔 1 天后用土霉素 1 毫克/升溶液全池泼洒,24 小时换水。

5.穿孔病

【症状】发病初期,病鳖背腹甲、裙边和四肢基部均出现一些成片的白点或白斑,呈疮疤状,直径 0.2~1.0 厘米,周围出血。病情严重时,病鳖背、腹甲穿孔,用针挑起疮疤,可见黄豆大小孔洞直通内脏。未挑的疮疤会自行脱落,在原疮疤处留下一个个小洞,洞口边缘发炎,轻压有血液流

出,严重时可见内腔壁。病鳖行动迟缓,食欲减退,不及时治疗,此病可由急性转为慢性。除穿孔症状外,病鳖裙边、四肢、颈部还出现溃烂,形成穿孔病与腐皮病并发。解剖病鳖发现肠内充血,接近孔洞的内脏红肿,肺褐色,肝灰褐色,胆汁墨绿色,脾肿大变紫。(图5-5)

此病多发生于无晒背台或晒背条件比较差的养殖池中。如鳖的背、腹甲有疮疤并见孔洞者可诊断为此病。该病对各年龄段的鳖均有危害,尤其是对温室养殖的幼鳖危害最大,发病率可达50%。室外养殖流行季节是4—10月,5—7月是发病高峰季节,温室中主要发生于10—12月,发病温度为25~30 ℃。

【病原体】嗜水气单胞菌、肺炎可雷伯氏病、普通变形杆菌及产碱菌等多种细菌。养殖环境恶劣、饲养管理不善而导致细菌感染是诱发此病的主要原因。

【防治方法】改善养殖环境条件,加强饲养管理和水质调控,人工配合饵料中要添加复合维生素C、维生素E等,增强抗病力。

一是在养殖池中搭建足够面积的晒背台,清除周围的高秆作物。养殖池水要勤换,定期向池中泼洒石灰水或漂白粉等抗菌药物。

二是用20克/立方米的高锰酸钾溶液浸泡病鳖20~30分钟,再用10%的磺胺嘧啶钠注射液,每500克病鳖注射0.5毫升,放入隔离池中暂

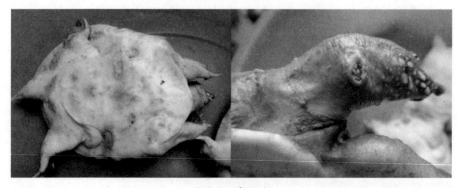

图5-5 穿孔病

养。或鳖体用 1 毫克/升的灭菌净或菌必清溶液药浴 15~30 分钟。

三是饲养阶段按每 100 千克饲料中拌鳖虾平 500 克+三黄粉 25 克+芳草多维 100 克或芳草维生素 C100 克内服。或 200 千克饲料中拌喂鱼病康套餐 1 个+三黄粉 25 克+芳草多维 50 克或芳草维生素 C 50 克内服，连用 3 天左右。

6.白斑病

白斑病又称豆霉病、毛霉病。其病原体为毛霉菌，这与水霉病有明显的不同。捕捉、运输致使鳖皮肤受伤后易感染白斑病。在流水池和循环槽中养殖的鳖也易感染此病。（图 5-6）

【症状】发病初期，病鳖的四肢、裙边、颈部及腹部等处出现白斑，但仅表现在边缘部分。随着病情发展，逐渐扩大而形成一块一块的白斑，白斑处表皮坏死，产生部分溃疡。当霉菌寄生到咽喉部时，鳖呼吸困难而逐渐死亡。

此病常年均可发生，是稚幼鳖常见的病害之一。特别是在水质清瘦的养殖池中，或在捕捉、搬运过程中受伤后的鳖，最易感染。一般情况下，死亡较少。水温 20~26 ℃时，体长 10 厘米以下的稚幼鳖易发此病，死亡率

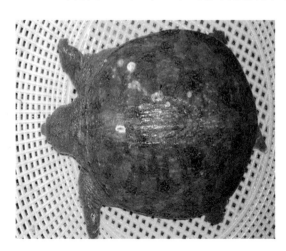

图 5-6　白斑病

高;成鳖患病,表皮出血,外观难看而影响商品价值,但死亡率不高。

【病原体】一种毛霉菌,属真菌类毛霉菌科。

【防治方法】一是做好消毒工作,用生石灰或消毒剂彻底清塘消毒,若使用生石灰全池泼洒可使池水 pH 保持在 7.5~8.5。

二是操作应仔细,防止鳖受伤,放苗前做好苗种消毒工作。做好水质调节工作,保持水质肥而嫩爽,以抑制霉菌的生长。

三是用适量的磺胺类软膏涂擦患处,直到毛霉菌被杀死脱落为止。或用 10 克/立方米漂白粉溶液浸泡病鳖 3~5 小时,或用万分之四的食盐+万分之四的小苏打合剂全池泼洒防治,或用浓度 50 克/立方米亚甲蓝溶液浸浴 15 分钟,或用 3%~5%食盐水浸洗 5 分钟,或用杀毒先锋 1 克/立方米溶液全池泼洒,隔 1 天后用聚维酮碘 0.5~1 克/立方米溶液再泼洒一遍。

四是每天按 20~40 毫克/千克体重添加克霉唑,分 2 次投喂,连续 3~6 天,严重的也可放入克霉唑与 1%食盐和小苏打合剂(1:1)配成的 8 毫克/升溶液浸泡病鳖 10 分钟左右。

【注意】由于这种霉菌在新池、新水中繁殖迅速,而在污水中,生长受到其他细菌的抑制。故抗生素之类药物,能促进霉菌蔓延,切忌使用。

7.腐皮病

腐皮病是由于鳖放养密度大,相互咬伤后或机械损伤鳖的皮肤后,感染细菌而引起。(图 5-7)

【症状】肉眼可见病鳖颈部、四肢、尾部及裙边等处的皮肤糜烂坏死,形成溃疡,皮肤组织变白或变黄,患部周围肿胀,后逐渐扩大,不久坏死。严重时,背甲、腹甲溃烂,颈部肌肉和四肢骨骼外露,脚爪脱落,裙边溃烂。当病变发展到颈部骨骼露出时,多半会引起死亡。

此病在鳖的生长季节均可发生,自然养殖时的发病季节在 4—10 月,5—9 月为发病高峰期,控温养殖时全年任何时段都会发生,各地都有

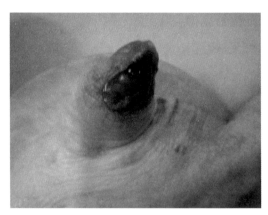

图 5-7　腐皮病

发现。

【病原体】由嗜水气单胞菌、假单胞菌及无色杆菌等数种细菌感染所致,其中以嗜水气单胞菌为主。

【防治方法】一是保持池水清洁,控制适宜的放养密度,按规格大小分级饲养,以防止鳖相互撕咬。加强投饵管理,要投喂新鲜优质足量的饵料,以提高鳖的体质和增强免疫力。

二是放养前用 30 克/立方米庆大霉素溶液对鳖体进行浸洗,水温 20 ℃以下浸洗 40~50 分钟;20 ℃以上,浸洗 30~40 分钟,用于预防和早期治疗。或用浓度 10 克/立方米的链霉素溶液浸洗病鳖 48 小时,反复多次,可治愈此病。

三是当发现病鳖时,及时隔离治疗,用 1 克/立方米磺胺类药物或抗生素溶液浸洗病鳖 48 小时,然后,每两周用 2~3 克/立方米漂白粉水溶液药浴 1 次。

8.水霉病

水霉病又称白毛病。水霉菌等多种真菌大量繁殖时引起此病。(图 5-8)

【症状】此病主要是由于捕捞运输过程中损伤鳖体,以致水霉菌入侵伤口而引起。发病初期,无明显症状,当肉眼能看到时,菌丝已侵入肌

肉,蔓延扩展,向外生长成棉毛状菌丝,手摸有滑腻感,故称为"生毛"。病菌在鳖体表、四肢、颈部及裙边等处大量繁殖,严重时布满鳖体全身,使鳖体犹如披上一层棉絮,当絮状水霉菌上粘有泥污时,则呈灰褐色。病鳖食欲减退,行动迟缓,最后停食消瘦而死。此病主要危害稚幼鳖,有时甚至成批感染,不过10厘米以上的鳖极少死亡,全国各地均有发生。

【病原体】水霉科中的水霉。

【防治方法】一是清除池底过多的淤泥,用生石灰彻底消毒,定期泼洒复合光合细菌等微生物制剂,保持水质清洁稳定。

二是加强饲养管理,投喂新鲜营养全面的优质饲料,尽量避免鳖体受伤。

三是用3%食盐水浸泡10~15分钟,去除毛状物,再在患处涂上2%红药水,每天1次,3次为1个疗程。或用20克/升高锰酸钾溶液药浴30分钟,每天1次,连用5天,效果明显。或将病鳖放入1克/立方米亚甲蓝溶液中浸泡10分钟,隔日1次,连续3次。或用0.3克/立方米浓戊二醛溶液全池泼洒,隔1天后用0.6~1克/立方米聚维酮碘溶液再泼洒一遍。

四是每千克饲料拌5克三黄粉投喂3周。或每天按25~45毫克/千克体重添加灰黄霉素,分2次投喂,3~6天为一疗程。严重的也可放入灰黄

图5-8 水霉病

霉素与 1%食盐和小苏打合剂(1:1)配成的 8 毫克/升溶液内浸泡 10分钟左右。或投喂配合饲料时,添加 0.03%的维生素 E,有一定的预防作用。

9.白点病

【症状】鳖背腹甲、四肢等有白色点类似于小疥疮。严重时可引起皮肤溃烂,呈灰白色,并蔓延至头部、颈部、四肢。(图 5-9)

通常水质偏酸,溶氧偏低,放养密度每平方米大于 50 只较易患白点病。每年的 8—11 月、水温 25~30 ℃时,为暴发流行高峰期,控温养殖全年均可患病,全国各地均有发生。主要危害幼稚鳖,严重时死亡率高达100%。

【病原体】温和气单胞菌、嗜水气单胞菌。

【防治方法】一是改良水质,使水体 pH 保持在 7.2、溶解氧在 4 毫克/升以上,控制放养密度。

二是使用外用药。用聚维酮碘0.5 克/立方米溶液全池泼洒,隔 1 天 1次,连用 2~3 次；或使用苯扎溴胺 0.3~0.5 克/立方米溶液全池泼洒,隔 1 天 1次,连用 2 次;或使用浓戊二醛溶液 0.25 克/立方米溶液全池泼洒消毒。

三是使用内服药。添加吗啉胍 2 克/千克饲料+鳖多维 5 克/千克饲料,连用 5 天;再用中药黄连解毒散 5 克/千克饲料,连续 5 天为一疗程。

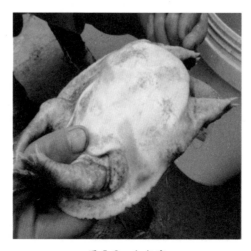

图 5-9　白点病

二 侵袭性鳖病

由动物性寄生虫引起的各种鳖病,称为侵袭性鳖病。现已发现鳖的寄生虫包括蛭类、螨类、原生动物、吸虫和棘头虫等共 15 种。这些寄生虫可寄生于体表、血液及内脏,吸取鳖的营养,破坏鳖的组织、器官,从而影响鳖的生长发育及生存。常见侵袭性鳖病如下。

1.累枝虫病

累枝虫病又称钟形虫病,是由原生动物累枝虫、聚缩虫、独缩虫附生而引起的。

【症状】目测可见病鳖四肢、背腹甲、颈部及裙边等处呈现一簇簇的绒毛状白毛,严重时全身呈白色。镜检可见大量累枝虫有节奏地伸缩。病鳖体色随水体颜色改变而变化,当池水呈绿色时,病鳖身体也呈绿色,当水质混浊、过肥时,则呈棕黄色或褐色、黑色。

此病主要危害稚鳖。病鳖食欲下降,身体消瘦,严重时引起溃烂,甚至导致死亡。全国各地均有发生,发病没有季节性。

【病原体】累枝虫。

【防治方法】累枝虫的生命力很强,不易杀死,一般以预防为主,保持良好的水质条件。

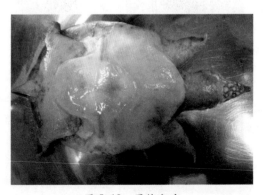

图 5-10　累枝虫病

一是用 10 克/立方米漂白粉水溶液浸洗 24 小时,或者用 2.5%的食盐水浸洗 10~20 分钟,每天 1 次,连用 2 天。

二是用 8 克/立方米硫酸铜溶液泼洒,24 小时后彻底换水,再用 10克/立方米高锰酸钾溶液泼洒,1 天 1 次,连用 7 天。

三是用 1%的高锰酸钾溶液涂抹病灶,每天 1 次,连用 2 天。或用 2%~3%的食盐水浸洗 3~5 分钟。

2.水蛭病

水蛭病又称蚂蟥病,由水蛭寄生引起。

【症状】水蛭通常寄生于鳖的裙边、四肢腋下、体后部等处,吸取鳖的血液,少则几条,多则数十条呈群体丛状分布。大量水蛭寄生后,鳖食欲减退,身体消瘦,反应迟钝,喜上岸而不愿下水。轻者影响生长,重者造成死亡。此病流行广泛,且易引起其他继发性疾病。

【病原体】水蛭。

【防治方法】一是经常泼洒生石灰消毒水体,使水蛭在碱性环境中不易生存而死亡。然后用 1.5 克/立方米漂白粉水溶液泼洒 1 次,一周后再用 10 克/立方米的高锰酸钾溶液浸洗或全池泼洒。

二是用 0.7 克/立方米的硫酸铜溶液浸洗或全池泼洒。或用 10%的氨水浸泡病鳖体 20 分钟或 2.5%食盐水浸洗 20~30 分钟,蛭类会自然脱落死亡。

三是在养鳖池中设置安静向阳的晒背场,鳖经常晒日光浴可以防止水蛭病发生,提高鳖的自身免疫能力。也可用新鲜猪血浸湿的毛巾放在进水口处的水面上诱捕水蛭。

三 敌害

鳖的敌害主要有蛙类、蛇类、蚂蚁、鸟类及兽类等。

1.蛙类和蛇类

这些敌害喜食稚幼鳖的软甲壳，因此，孵化室和稚鳖池围墙必须严密，加固堤埂，堵塞漏洞，严防敌害入侵。

2.蚂蚁

蚂蚁嗅觉灵敏，在鳖卵将要孵化之时，已在附近筑巢居住了，稚鳖破壳之时，最易受到蚁群的袭击以至于被咬死。因此，在发现产卵场或孵化场附近有蚂蚁或蚁巢时，要立即喷药毒杀并清除蚁巢。

3.鸟类

主要危害幼鳖。成鳖虽甲壳坚硬，性凶猛，但仍会遭到一些鸟类的袭击。袭击鳖的鸟类有乌鸦、鹰、鹭鸟等。通常是夜袭，所以在这些鸟类较多时，应在鳖池上方高出水面2米处设置防护天网，材料用网目3厘米大的聚乙烯网片。

4.兽类

袭击鳖的兽类有老鼠、狗、黄鼠狼、猫、獭等，其中尤以黄鼠狼最普遍。它晚上出来活动，同鳖的活动时间相同，故常能猎捕到鳖。防治方法是设钩、卡、笼捕杀黄鼠狼，或在池上面加盖天网阻止其进入。老鼠喜欢在鳖的产卵场挖穴，造成鳖卵死亡，并常成群结队地窜入池中袭击稚幼鳖，对鳖危害很大。因此，必须用砖、石、水泥筑好堤，防止老鼠窜入池内。并在稚幼鳖饲养池周围投放鼠药和安装捕鼠器。

（四）其他因素引起的鳖病

还有许多物理、化学和营养等因素引起的鳖病，在一定情况下，也会对鳖产生影响，引起鳖体生理机能失调，甚至导致死亡。

1.脂肪代谢不良症

【症状】病鳖营养失调，手拿有厚重感。病情严重时，全身水肿或极度消瘦,身体隆起较高,体高与体长之比在 0.31 以上。腹甲暗褐色,有浓厚的灰绿色斑纹,四肢、颈部肿胀,表皮下出现水肿,整体外观异样。剖开病鳖腹腔,能嗅到恶臭味,脂肪组织呈黄土色或黄褐色,硬化,被结缔组织包裹。肝脏发黑,骨体软化。生此病的鳖,体质不易恢复,逐渐成为慢性病,最后停止摄食而死亡。

【病因】人工饲养的鳖,由于投喂了鲜度差的霉烂变质饲料或过度腐烂变质的鱼、虾、螺蚌肉,或长期内服高毒性药物,使变性的脂肪酸在鳖体内大量积累,造成鳖的肝、肾机能障碍,代谢机能失调,逐渐出现病变。

【防治方法】一是保持饵料新鲜,不喂腐败变质和霉变饲料,尤其不能投喂变质的干蚕蛹。同时保持池内清洁卫生,及时清除残饵,保持水质清新。

二是投喂的饲料中适当添加维生素 E,有显著的预防作用和一定的治疗作用,投喂量为每 100 克饲料中加 30 毫克左右的维生素 E。或投喂配合料时,添加 5%的植物油。植物油中含有大量的维生素 E,但不可用动物油代替。

2.水质不良引起的疾病

【症状】病鳖的四肢、腹部明显充血、红肿、溃烂以致形成溃疡,裙边溃烂成锯齿状。有的病鳖虽然没有明显的外部症状,但食欲下降、反应迟钝、不愿下水。

【病因】因在静水或越冬池中,由于水不流通,长期处于缺氧状态,水中含有的大量有机物进行无氧分解,不断产生如氨、硫化氢等有害气体,引起水质恶化,从而引发疾病。

【防治方法】一是经常换水,始终保持池水清洁。二是发现此病时,及时更换全部池水,并且每隔 3~7 天更换部分池水,保持池水的清新,一段时间后,病鳖会自然痊愈。

3.冬眠期死亡

【症状与病因】冬眠期或冬眠后造成鳖的死亡原因，现在还不太清楚,而死的大部分为雌鳖,这可能与雌鳖产卵后营养不良、体质差、经不起冬天的低温有关。

【防治方法】冬眠前一两个月给鳖投喂优质新鲜饲料,特别是要投喂脂肪含量高的食物,如动物内脏、大豆等,以满足鳖在冬眠期间的能量消耗。进入冬眠之前,亲鳖池彻底清整一次,为亲鳖冬眠创造一个优越的冬眠环境。进入冬眠后,鳖不要随意转移,亦不要在冬眠池中拉网,以免惊扰正在冬眠的鳖。保持水深1.5米以上,给越冬鳖创造一个适宜的环境。从外界收集亲鳖时,要注意检查,只有体质健壮的鳖才能入选。

4.营养不良症

使用人工配合饲料饲养鳖,必须满足鳖各个生长阶段的营养需求,否则,因饲料的某种营养成分的缺乏或过剩都会导致鳖生长发育受限或生病,严重的可引起死亡。主要的营养元素包括蛋白质、糖类、脂肪、维生素、无机盐及微量元素。生产实际中,要切实按鳖各个生长阶段精选好配合饲料,或适当增加一些辅助添加剂,以满足鳖的营养需求。

(1)蛋白质。幼稚鳖饲料中的粗蛋白质含量必须在45%以上,成鳖饲料中粗蛋白质含量需达43%。饲料蛋白质含量过低,鳖生长缓慢,体质下降,抗病力降低。饲料中氨基酸的含量和比率是决定蛋白质营养价值的重要因素。

(2)脂肪。鳖饲料中脂肪最佳含量为6%~8%。饲料中缺乏必需脂肪酸,则可导致鳖生长速度减慢,成活率降低,饲料效率下降。脂肪酸易发生氧化变质,产生醛、酮、酸。这些物质与饲料中的其他营养物质如维生素、蛋白质等发生反应,降低营养元素的作用,并引发鳖病。

(3)糖类。鳖饲料中对糖类的最佳需求量为25%~28%,饲料中碳水化合物含量过高,会引起鳖体内糖代谢紊乱,内脏脂肪积累,严重时引起脂肪肝。一般情况下,可以在饲料中添加胆碱、肌醇和维生素 C 可防止脂肪肝的发生。

鳖的正常生长对维生素、无机盐和微量元素也有一定的需求。

5.雄性鳖性早熟症

【症状】泄殖腔红肿发炎,生殖器外露 2~4 毫米。鳖在池中频繁交配,3~5 只相互追逐,多数雄鳖脖子被咬伤,解剖 100 克左右的雄鳖可发现精巢显著增大。

【流行及危害】规格为 100 克以上雄性鳖,保温棚内常年可见,池塘内在 5—8 月较严重。患病鳖摄食下降,生长速度减慢,严重的因头、颈部位被咬伤、溃烂,生殖器外露感染而导致死亡。

【病因】由于稚幼鳖饲料中含有某些化学促生长剂或激素类物质而引发此类疾病,也有可能高温季节,营养水平较高,快速生长下内分泌系统失调、种质退化而导致雄性性早熟。

【防治方法】①预防。一是选择品质好正常孵化的鳖苗。二是选择优质品牌厂家生产的饲料,若自配料,尽可能减少随意添加促生长剂类物质。三是鳖达 100 克以上规格时,每月添加鳖性迟熟素,约 7 天为一疗程,用量为 5 克/千克饲料;四是使用二氧化氯进行水体消毒,0.25 克/立方米浓度全池泼洒,每周 1 次。

②治疗。一是外用。使用聚维酮碘 0.5 克/立方米浓度全池泼洒,隔 1 天 1 次,连用 2~3 次;或使用苯扎溴胺 0.3~0.5 克/立方米浓度全池泼洒,隔 1 天 1 次,连用 2 次;或使用浓戊二醛溶液 0.25 克/立方米浓度全池泼洒消毒。二是内服。添加鳖性迟熟素,10 克/千克饲料,连用 3 天;再用黄连解毒散 5 克/千克饲料,7~10 天为一个疗程。

▶ 第三节 常用鳖病防治药物

一 水质环境改良类

生物制剂类包括光合细菌芽孢杆菌、硝化与反硝化细菌 EM 菌等,用于降低水体中的氨氮、亚硝酸盐含量,提高溶解氧;无机盐类有生石灰、碳酸氢钠、硫代硫酸钠,也用于调节水体酸碱度,改良水质环境;另外,用于杀灭水体中的"水华",净化水质的有络合铜、氯化铝、硫酸钾铝等。

二 水体消毒剂

按化学成分划分主要有下列几种。

1.卤素类

常用有漂白粉、二氯异氰尿酸钠、三氯异氰尿酸、氯胺-T、二氯海因、二溴海因、溴氯海因、碘溴海因等。

2.强氧化剂类

高锰酸钾、过氧化氢、过氧化钙、二氧化氯等。

3.醛类

甲醛(福尔马林)、戊二醛等。

4.季铵盐类

常用的有新洁尔灭、洗必泰、度米芬、消毒净等,在治疗鳖传染性疾病时,选择含溴、碘元素的季铵盐制剂效果较好。

5.碘和含碘消毒剂

常用的有粉剂、水剂两类。聚维酮碘在治疗鳖暴发性传染疾病(如鳃腺炎、白点病等)时,市场产品中粉剂药效更佳。

6.其他水体消毒剂

酸类:檬酸、冰醋酸等。碱类:氧化钙、生石灰、氢氧化氨等。

盐类:氯化钠、小苏打、硼砂、硫酸亚铁等。

三 内服或外用的药

1.抗生素类药

本类药品种类繁多,包括磺胺类、喹诺酮类、抗真菌药、抗生素、甲氧苄啶、抗病毒药。但某部分品种因毒性大、残留周期长,已被列为水产禁用药,如呋喃西林、呋喃唑酮、氯霉素、红霉素、环丙沙星等。

2.中草药

作为绿色药品,它具有天然性、多功效性、毒副作用小、残留小、不易产生耐药性的特质,在鳖病防治方面被广泛应用。

常用的中草药按照使用功效划分如下:

抗细菌类:大蒜、大黄、黄连、黄芩、黄柏、穿心莲、大青叶、半边莲、白头翁、板蓝根、鱼腥草、蒲公英、龙胆草、地锦草、五倍子、马齿苋、金银花、小檗、连翘、水辣蓼等。

抗真菌类:马兜铃、百部、白鲜皮、地肤子、苦参、茵陈蒿、蛇床子等。

抗病毒类:白头翁、鱼腥草、金银花、板蓝根、苦地丁、虎杖、柴胡、佩兰、菊花等。

驱(杀)虫类:仙鹤草、青蒿、苦楝皮、使君子、贯众、雷丸、槟榔、生姜、辣椒等。

3.驱虫药

常用于驱杀鳖体表钟形虫、聚缩虫的药品有硫酸铜、硫酸锌、高锰酸钾、亚甲蓝等。

4.营养保健药品

本大类药品包括起保肝、利胃、诱食、促生长作用的各种氨基酸及其衍生物、柠檬酸钠、多用维生素、电解多维、甜菜碱类,以及控制雄性鳖性成熟的性迟熟素(促多巴胺释放素、睾酮素等)药品。